Qixiang Beijing
气象北京365

李津　杜波◎主编

气象出版社
China Meteorological Press

图书在版编目（CIP）数据

气象北京 365 / 李津，杜波主编 . — 北京：气象出版社，2017.7
ISBN 978-7-5029-6554-9

Ⅰ . ①气… Ⅱ . ①李… ②杜… Ⅲ . ①气候志－北京
Ⅳ . ① P468.21

中国版本图书馆 CIP 数据核字 (2017) 第 109269 号

气象北京 365

李津　杜波　主编

出版发行：气象出版社

地　　址：北京市海淀区中关村南大街 46 号　　　邮政编码：100081

电　　话：010-68407112（总编室）　010-68408042（发行部）

网　　址：http// www.qxcbs.com　　　E-mail：qxcbs@cma.gov.cn

责任编辑：颜娇珑　胡育峰　　　　　　　　　终　　审：张　斌

设　　计：符　赋　　　　　　　　　　　　　责任技编：赵相宁

印　　刷：北京中科印刷有限公司

开　　本：710 mm×1000 mm　1/16　　　　　印　　张：26

字　　数：310 千字

版　　次：2017 年 7 月第 1 版　　　　　　　印　　次：2017 年 7 月第 1 次印刷

定　　价：56.00 元

《气象北京365》编委会

主　编：李　津　杜　波
副主编：李　琛　沈建红
编　写：赵　娜　刘乃真　李乃杰　王　凯
顾　问：郭文利

前言

　　天气与气候条件是影响社会经济发展、国防建设以及大众生活的重要环境因素。认识和掌握天气与气候规律，充分利用天气条件，合理制订经济生产计划，对大众的生活安排和城市的安全运行均具有重要意义。近些年来由于全球气候变化，天气与气候对人类社会的影响越发显著，一些极端天气气候事件不断突破以往的历史极值，北京气候统计特征也出现了一些新的变化。为了使人们加深对北京气候规律的了解，更好地指导人们的日常生产生活。我们参考了1990年原北京军区空军气象资料室编写的《北京生活气候365》，并在此基础上，更新气候数据，增补新的气象知识和有关天文、地理、社会经济热点等科普知识。

　　《气象北京365》是在北京多年历史气象资料的基础上，进行数据统计，给出了北京全年逐日的气候数据和逐旬、月、季气候特征。此外，本书还包括北京的天文时刻、气候、自然纪要（物候、天气事件）、天气学和气候学的基础理论以及和气象有关的科普知识等内容。按照日历顺序逐天编排。

　　由于气象科技的快速发展以及气象资料的不断更新，有关北京气候的研究成果也在不断补充完善，加之作者学识、见解等有限，书中缺点错误在所难免，敬请读者批评指正。

本书在编写过程中得到北京市气象服务中心领导和同事们的大力支持，特别要感谢张明英老师的悉心指导以及闵晶晶、甘璐、尹炤寅、李迅、穆启占、张爱英、尤焕苓等同志的帮助，另外还要感谢解放军中部战区空军气象中心提出的许多宝贵意见。同时，在编写过程中参考引用了许多有关文献、资料，不能逐一标注，在此一并深致谢意。

编者

2016年10月26日于北京

编制说明

一、站点和数据

除特别说明外，本文所提到的北京气候数据均是北京的代表站点（1997 年及之后为南郊观象台，之前的站点位置见第三条说明）所测的气候数据。极值数据的统计年限是 1849—2016 年（其中 1849—1914 年期间有部分资料缺失）。日平均气象要素资料的统计年限是 1981—2010 年。我们知道，气象要素及其极值分布的局地性是很强的，即使有几十年上百年的资料，从气候变迁的角度上来讲，也只是很短暂的时间。不过，世界气象组织曾指出，30 年的资料长度已经能够初步反映出当地相对稳定的气候特征，要求各国都进行 30 年气候资料整编。因此，从 30 年长度资料整理出的数据，还是能够大致反映北京气候及其变幅的概貌。

二、各值定义、计算方法及统计年限

1. 天亮

太阳快要露出地平线时天空发出光亮的时刻。由于大气层对阳光的折射，天亮时间和日出时间并不完全一致，天气晴好时，太阳在地平线以下 6° 时就天亮了。

2. 天黑

太阳位置低于地平线 12° 30' 的时刻，即日落一段时间后，才是天黑时间。

3. 日出

指日面刚从地平线出现的一刹那。计算公式为：

$$日出时间 = 24 \times (180° + T \times 15° - \alpha - \arccos(-\tan(-23.4° \times$$
$$\cos(360° \times (D+9) \div 365)) \times \tan \beta)) \div 360°$$

其中，T 为时区，我国时区为东 8 区，即 $T=8$；α 为当地经度，β 为当地纬度，经、纬度采用角度制，东经、北纬为正，西经、南纬为负；D 为日期序列数，即当天在这一年中的序列，如 2 月 11 日就是 42。计算结果是一个小于 24 的数值，如 6.69，即表示 6：41。

4. 日没

指日面完全没入地平线下的时刻。计算公式为：

$$日没时间 = 24 \times (1 + (T \times 15° - \alpha) \div 180°) - 日出时间$$

5. 日平均气温

1981—2010 年每日 02，08，14 和 20 时 4 个时刻气温的平均值。

6. 日平均最高气温

1981—2010 年 30 年内的同日最高气温的平均值，例如 30 年里每年 1 月 1 日的最高气温取平均值，即为 1 月 1 日的日平均最高气温。

7. 日平均最低气温

1981—2010 年 30 年内的同日最低气温的平均值，例如 30 年里每年 1 月 1 日的最低气温取平均值，即为 1 月 1 日的日平均最低气温。

8. 日极端最高气温

1849—2016 年同日最高气温的最大值，例如取每年 1 月 1 日的最高气温作比较，最大值即为该日极端最高气温。

9. 日极端最低气温

1849—2016 年同日最低气温的最小值，例如取每年 1 月 1 日的最低气温作比较，最小值即为该日极端最低气温。

10. 日最大降水量

1849—2016 年同日降水量的最大值，例如取每年 1 月 1 日的降水量作比较，最大值即为该日最大降水量。

11. 日最大风速

1849—2016 年同日最大瞬时风速的最大值，例如取每年 1 月 1 日的最大风速作比较，最大值即为该日最大风速。

三、北京气象观测代表站点变迁简史

北京的气象工作始于明正统七年（1442 年）。从清雍正二年（1724 年）至光绪二十九年（1903 年），京城有连续 180 年的晴雨记录，积累了珍贵的气象史料。17 世纪中叶，西方国家的近代地面气象观测仪器传入北京。清乾隆八年（1743 年），法国传教士在北京首建测候所。清道光二十九年（1849 年），俄国教会在北京建地磁气象台，开始做系统的气象观测，直到 1914 年。观测并不十分严格正规，资料也有断续不全的情况。

俄国人主持的北京气象观测站点位于现在的东直门。1912 年，中华民国政府在北京成立观象台，观测点设在建国门。1940 年，日伪在动物园设立观测点，抗战胜利后被国民党政府接管。新中国成立后，作为北京的基本气象观测站，动物园观测点的业务一直持续到 1953 年。之后，由于种种原因，多次变迁。先后设址在西郊五塔寺、大兴东黑垡村、西郊板井彰化村等地。1970 年迁入大兴旧宫，1981 年迁入西郊北洼路又一村。由于城市的迅速发展，观测站周围的自然观测环境被破坏，1997 年观测站又迁回大兴旧宫至今。

目录

气象北京365 —————— 1月份

1月1日	—————— 天 文 时 刻 ——————			
	天亮	07时06分	天黑	17时30分
	日出	07时36分	日没	17时00分

今日历史气候值		
日平均气温	−2.9℃	
日平均最高气温	2.3℃	
日平均最低气温	−7.2℃	
日极端最高气温	12.5℃	（1976年）
日极端最低气温	−12.9℃	（1977年）
日最大降水量	1.3毫米	（1987年）
日最大风速	14.7米/秒	（1973年）

【气候】

北京1月气候概况

1月是北京一年中气温最低的月份，大地封冻，气候严寒，大寒、小寒、三九、四九等表示寒冷季节和主要低温的记录都集中在本月。空气干燥，有时可能出现风沙。

本月气温通常在 −10～3℃ 之间，月平均气温为 −2.8℃，是各月中的最低值。历史上，1月份最低气温曾下降到 −22.8℃（1951年1月13日），最高气温曾达 14.3℃（2002年1月4日）。一年中最低温度低于 −10℃ 的日数平均为 10.5 天，而1月份就有 6.6 天，占了一半以上。

月平均降水量只有 2.7 毫米，是全年降水最少的月份之一。降雪日数平均有 2 天。晴天日数全年最多。

当强冷空气过境时，常伴有偏北大风，有时出现风沙。月平均大风日数 0.9 天左右，1967年和1978年最多，达到了 8 天。

1月2日	——————— 天文时刻 ———————			
	天亮	07时06分	天黑	17时31分
	日出	07时36分	日没	17时01分

今日历史气候值		
日平均气温	−2.9℃	
日平均最高气温	2.5℃	
日平均最低气温	−7.5℃	
日极端最高气温	10.3℃	（1976 年）
日极端最低气温	−16.1℃	（1977 年）
日最大降水量	0.8 毫米	（1987 年）
日最大风速	12.1 米 / 秒	（2000 年）

【其他】

北京的地理地貌

北京雄踞华北大平原北端，北枕燕山山脉，西依太行山脉，东近渤海，东南面是一片大平原，潮白河、永定河蜿蜒穿过北京的东西两侧。全市面积 16 807 平方千米，位于东经 115°2′～117°32′，北纬 39°26′～41°3′。天安门位于东经 116°23′17″，北纬 39°54′27″。北京平原地区海拔高度在 20～60 米，山地一般海拔 1000～1500 米，与河北交界的东灵山海拔 2303 米，为北京市最高峰。境内贯穿五大水系，主要河流是东部的潮白河、北运河，西部的永定河和拒马河。北京的地势是西北高、东南低。西部是太行山余脉的西山，北部是燕山山脉的军都山，两山在南口关沟相交，形成一个向东南展开的半圆形大山弯，人们称之为"北京湾"，它所围绕的小平原即为北京小平原。

综观北京地形，依山襟海，形势雄伟。诚如古人所言："幽州之地，左环沧海，右拥太行，北枕居庸，南襟河济，诚天府之国。"

举世闻名的长城横亘北京密云、怀柔、昌平、延庆、门头沟等区。著名关隘有古北口、居庸关等，形势险要。

北京西部山区植被复杂，有植物约千种。我国东北地区的植物多以北京附近为南界，而喜马拉雅山和华南的植物多以北京为北界。

1月3日	———————— 天文时刻 ————————			
	天亮	07时06分	天黑	17时32分
	日出	07时36分	日没	17时02分

今日历史气候值		
日平均气温	-3.2℃	
日平均最高气温	1.7℃	
日平均最低气温	-7.2℃	
日极端最高气温	8.1℃	（1994年）
日极端最低气温	-14.8℃	（1977年）
日最大降水量	9.9毫米	（2010年）
日最大风速	16米/秒	（1986年）

【气候】

二十四节气

二十四节气是根据太阳在黄道（即地球绕太阳公转的轨道）上的位置来划分的。视太阳从春分点（黄经零度，此刻太阳垂直照射赤道）出发，每前进15度为一个节气；运行一周又回到春分点，为一回归年，合360度，因此分为二十四个节气。由于历史上我国的主要政治、经济、文化、农业活动中心多集中在黄河流域，二十四节气也就是以这一带的气候、物候为依据建立起来的，并且在现行的公历中日期基本固定，上半年在6日、21日，下半年在8日、23日，前后不差1～2天。

民间广为流传的二十四节气歌为"春雨惊春清谷天，夏满芒夏暑相连，秋处露秋寒霜降，冬雪雪冬小大寒"。

1月4日	天 文 时 刻		
	天亮	07时06分	天黑	17时32分
	日出	07时36分	日没	17时02分

今日历史气候值		
日平均气温	−3.8℃	
日平均最高气温	1.2℃	
日平均最低气温	−8.1℃	
日极端最高气温	14.3℃	（2002年）
日极端最低气温	−16.7℃	（1971年）
日最大降水量	4.9毫米	（1997年）
日最大风速	14.0米／秒	（1976年）

【气候】

二十四节气北京气温特征

二十四节气是中国古代用于表示气候变化、物象差异和决策农作物播种与收割时令的,根据北京观象台1971—2000年的气象资料统计发现,北京的气温具有以下特点：

1. 小暑和大暑是全年最热的节气，节气日平均气温均为26.3℃；

2. 小寒是全年最冷的节气，平均气温为−3.9℃，大寒节气次之，为−3.4℃；

3. 春分节气的气温平均升温幅度最大，立冬节气的气温平均降温幅度最大。

1月5日	——————天 文 时 刻——————			
	天亮	07时06分	天黑	17时33分
	日出	07时36分	日没	17时03分

今日历史气候值		
日平均气温	−3.8℃	
日平均最高气温	1.0℃	
日平均最低气温	−8.0℃	
日极端最高气温	9.9℃	（1995年）
日极端最低气温	−15.6℃	（2010年）
日最大降水量	3.4毫米	（2000年）
日最大风速	11.0米/秒	（1976年）

【历史个例】

北京气象极值

根据北京市观象台的气象观测记录，北京气象极值为：

日最高气温是1942年6月15日的42.6℃。

日最低气温是1966年2月22日的−27.4℃。

日降水量最大的是2016年7月20日的253.5毫米。

最长连续降水日数为1959年7月28日至8月10日，共14天。

最长连续无降水日为1970年10月25日至1971年2月15日，共114天没有下雨。

极大风速为1956年6月4日北部山区达40米/秒（13级）；1976年12月18日近郊区出现的36米/秒（12级）的风。

最长连续降雪日数为2002年12月19—24日，连续6天降雪。

沙尘日数最多出现在1966年，北京共发生沙尘天气20次。

1月6日	——————— 天 文 时 刻 ———————			
	天亮	07时06分	天黑	17时34分
	日出	07时36分	日没	17时04分

今日历史气候值		
日平均气温	−3.1℃	
日平均最高气温	1.7℃	
日平均最低气温	−7.1℃	
日极端最高气温	11.3℃	（1995年）
日极端最低气温	−16.7℃	（2010年）
日最大降水量	6.2毫米	（1989年）
日最大风速	15.7米/秒	（1979年）

【气候】

小 寒

每年1月6日前后，当太阳移达黄经285°时，为小寒节气。《月令七十二候集解》云，"月初寒甚小，故云。"说明小寒还不是一年中最冷的时候。小寒之后，我国气候开始进入一年中最寒冷的时段。俗话说，冷气积久而寒。此时，天气寒冷，但还未到达极点，所以称为小寒。其实，小寒正处三九前后，俗话说"冷在三九"，其严寒程度也可想而知了，华北一带有"小寒大寒，滴水成冰"的说法。

报据小寒的冷暖情况来作长期预报的谚语有"小寒不寒，清明泥潭""大寒小寒寒得透，来年春天天暖和"。小寒天气晴暖，预兆明春天气寒冷。

小寒中的三候的物候反映分别是："一候雁北乡；二候鹊始巢；三候雉始"。在候鸟中，一候，阳气已动，大雁开始向北迁移，但还不是迁移到我国的最北方，只是离开了南方最热的地方；二候，喜鹊此时已经感觉到阳气而开始筑巢；到了三候，野鸡也感到了阳气的滋长而开始鸣叫了。

1月7日	──────── 天 文 时 刻 ────────			
	天亮	07时06分	天黑	17时35分
	日出	07时36分	日没	17时05分

今日历史气候值		
日平均气温	−3.5℃	
日平均最高气温	1.3℃	
日平均最低气温	−7.6℃	
日极端最高气温	9.7℃	（1995年）
日极端最低气温	−14.0℃	（1997年）
日最大降水量	4.8毫米	（2001年）
日最大风速	17.0米/秒	（1983年）

【其他】

北京的五大水系（一）

北京有大小河流60余条。分属海河和潮白河、蓟运河两大流域。太行山和燕山汇集的雨水，顺着西北高、东南低的地势，从山区流经平原注入永定河、潮白河、北运河、蓟运河、大清河五大水系。

1. 永定河。永定河由洋河、桑干河、妫永河于官厅水库汇集而成。永定河发源山西朔州，流经山西、内蒙古、河北等省、自治区，到河北省怀来县西南注入官厅水库，又从水库的东南流入北京。永定河全长约650千米，北京市内主河道长189千米，流域面积3168平方千米，主要支流有妫水河、清水河、天堂河等。永定河因含沙多，古代称为浑河，河道几经变迁。明代又称无定河，海河流域七大水系之一。永定河早期曾经由北京城北流过。在这条故道上，过去地下水不少，形成了圆明园等著名风景区的自然地理条件。河道后来往西南迁移，曾经海淀、紫竹院、西便门、积水潭、后海、北海、中海、南海、金鱼池、龙潭湖，再流向东南马驹桥，最后才改道市区的西南面，形成今天的走向。

1月8日	——————— 天 文 时 刻 ———————			
	天亮	07 时 06 分	天黑	17 时 36 分
	日出	07 时 36 分	日没	17 时 06 分

今日历史气候值		
日平均气温	−3.3℃	
日平均最高气温	1.9℃	
日平均最低气温	−7.7℃	
日极端最高气温	9.7℃	（1995 年）
日极端最低气温	−15.0℃	（1983 年）
日最大降水量	3.5 毫米	（1993 年）
日最大风速	12.0 米 / 秒	（1978 年）

【其他】

北京的五大水系（二）

2. 潮白河。潮白河是由潮河与白河两大支流组成。潮河发源于河北的丰宁县，白河发源于河北的沽源县，两河在密云区汇合，称潮白河；经密云、怀柔、顺义、通州入北运河。在北京境内流程一百多千米，流域面积 6531 平方千米。

3. 北运河。北运河位于永定河与潮白河之间，是我国有名的南北大运河的北段，上游为温榆河，发源于军都山。北运河水系包括通惠河、沙河以及小中河，在通州北关汇成北运河。在北关闸以上的流域面积约 2470 平方千米。

4. 蓟运河。蓟运河水系在境内主要有洵河、错河、金鸡河等，在平谷区马坊附近汇合，流经三河市归蓟运河。本市流域面积约 2000 平方千米。

5. 大清河。北京西南部有大清河水系，包括拒马河、大石河、小清河等支流。拒马河发源于太行山，经涞水县都衙东北流入北京房山区境，河水清碧，沿岸山上植被保存较好。十渡附近，丛山叠峰，风光旖旎，人称"小桂林"，为北京旅游胜地。

1月9日	——————— 天 文 时 刻 ———————			
	天亮	07时06分	天黑	17时37分
	日出	07时36分	日没	17时07分

今日历史气候值		
日平均气温	−3.3℃	
日平均最高气温	1.9℃	
日平均最低气温	−7.5℃	
日极端最高气温	9.3℃	（1984年）
日极端最低气温	−13.4℃	（2010年）
日最大降水量	0.1毫米	（1987年）
日最大风速	13.3米/秒	（1976年）

【其他】

官厅水库

由于断裂和沉降作用，北京山地边缘，形成许多山湾盆地。目前，北京已利用山湾盆地拦洪蓄水，共建成数十座水库和几百个小型塘坝。

其中，建于1954年的官厅水库是新中国成立后建设的第一座大型水库，水库位于永定河官厅山峡上游，是永定河的源头，水库大部分位于河北省怀来县境内，小部分位于北京境内的延庆，是防洪、发电及工农业供水的综合利用水库。总库容22.7亿立方米，水库坝高45米，主坝长290米。官厅水库把永定河水蓄积在坝以上桑乾河、洋河、妫水冲积的怀来盆地中，蓄水面积230平方千米，控制永定河97%流域面积的径流。1956年建成的永定河引水渠，引水能力约40米³/秒。这条引水渠从三家店把永定河水引进北京至玉渊潭与京密引水渠汇合入城，为公园、湖泊和工业供水。

1 月 10 日	—————— 天 文 时 刻 ——————			
	天亮	07 时 06 分	天黑	17 时 38 分
	日出	07 时 36 分	日没	17 时 08 分

今日历史气候值		
日平均气温	−3.3 ℃	
日平均最高气温	1.9 ℃	
日平均最低气温	−7.8 ℃	
日极端最高气温	12.2 ℃	（2002 年）
日极端最低气温	−13.1 ℃	（1978 年）
日最大降水量	1.1 毫米	（1987 年）
日最大风速	13.3 米 / 秒	（1979 年）

【其他】

密云水库

密云水库位于本市东北部密云区境内，建成于 1960 年 9 月。设计水库蓄水面积为 190 平方千米，库容 40 亿立方米。密云水库有两大支流，一条支流是白河，起源于河北省沽源县，经赤城县，延庆区，怀柔区，流入密云水库；另一条支流是潮河，起源于河北省丰宁县，经滦平县，自古北口入密云水库。密云水库烟波浩渺，群峰环抱，风景秀丽，是京津唐地区第一大水库，华北地区第二大水库。

密云水库属于潮白河水系，经怀柔水库到北京近郊玉渊潭的京密引水渠供给城区，为京郊农田灌溉和京城供水发挥了显著的作用。

1月11日	――――― 天 文 时 刻 ―――――			
	天亮	07时06分	天黑	17时39分
	日出	07时36分	日没	17时09分

今日历史气候值		
日平均气温	−3.5℃	
日平均最高气温	1.2℃	
日平均最低气温	−7.5℃	
日极端最高气温	10.0℃	（2002年）
日极端最低气温	−15.2℃	（1980年）
日最大降水量	3.3毫米	（2000年）
日最大风速	12.7米/秒	（1987年）

【气象与生活】

冰雪路面安全驾驶

汽车在冰雪道路上行驶时，车轮容易产生空转和打滑，积雪较深时路面阻力大，这些都会给汽车驾驶和行进造成困难。汽车驾驶员应根据地形情况、冰雪厚度、汽车性能、载重多少以及行车时间的不同采取相应措施，确保行车安全。

1.汽车通过冰冻道路时，可装上防滑链，用低挡缓慢行进。提高车速时不要过猛，减速时应利用发动机制动。转弯速度要缓慢并增大转弯半径以防横滑。车间距离要适当增大。

2.在野外积雪地区行驶时，首先要设法勘明行驶路线，握紧方向盘，缓慢行进。如路上已有车辙，应循辙前进，转向盘不得猛转、猛回。

3.冰雪路上对面来车，应选择比较安全的地方会车，必要时可在较宽地段停车。停车时，应提前减速并缓慢制动。

4.严寒季节，最好不要在冰雪地上长时间停车，防止轮胎冻结在地面上。

1月12日	------------- 天 文 时 刻 -------------			
	天亮	07 时 05 分	天黑	17 时 40 分
	日出	07 时 36 分	日没	17 时 10 分

今日历史气候值		
日平均气温	−3.8℃	
日平均最高气温	1.1℃	
日平均最低气温	−7.9℃	
日极端最高气温	12.9℃	（1975 年）
日极端最低气温	−15.7℃	（2001 年）
日最大降水量	1.5 毫米	（2000 年）
日最大风速	11.0 米 / 秒	（1971 年）

【气象与生活】

积雪和交通事故

研究发现，当汽车以每小时 40 千米的速度行驶时，在干沥青路上的制动距离为 10.50 米，在干水泥路上的制动距离为 9.00 米，而在冰路上的制动距离为 62.98 米，在雪路上的制动距离为 31.49 米。一旦车速过快、转弯太急，很容易发生交通事故。

当气温在 0℃左右、积雪厚度在 5～15 厘米时，汽车最容易发生事故，尤其是上坡、起步、停车时还会出现后溜车的现象。此时，车速要缓慢，上下坡尤其不可突然加速，从而避免或减少交通事故的发生。

当气温在 −10～0℃，降雪量小于 5 厘米时，白天路面可以正常行车；晚间路面形成薄冰，行车易出事故。当降雪量大于 5 厘米，且无风时，路面不滑，可以正常行车；晚间路面有冰凌出现，此时路面较滑。当气温降至 −15℃以下，路面积雪粘附性很强，很难清除，更增加行车风险。

1月13日	天 文 时 刻			
	天亮	07时05分	天黑	17时41分
	日出	07时35分	日没	17时11分

今日历史气候值		
日平均气温	−3.8℃	
日平均最高气温	1.3℃	
日平均最低气温	−8.1℃	
日极端最高气温	7.8℃	(2003年)
日极端最低气温	−22.8℃	(1951年)
日最大降水量	0.2毫米	(1998年)
日最大风速	11.7米/秒	(1972年)

【其他】

北京历史地理之最

北京发现的最古老的人类是中国猿人，距今约69万年，属第四纪更新世早期。

北京周口店龙骨山山顶的洞穴里发现了一枚5万年前的骨针，这是北京发现的最早的针。

北京最早见于记载的名称叫蓟，是由于到处生长着开紫红色花的蓟草得名的。

北京是经历了五个朝代的古都，最早定都于北京的是金朝，改名为中都，距今已有800多年。

北京最高的峰是门头沟区的东灵山，海拔2320米，比泰山、庐山、黄山都要高。

在北京境内河流段最长的是潮白河，它在北京境内的长度约为236千米。

北京最东的村庄叫花园，在密云区；最西的村庄叫鱼斗泉，在房山区；最南的是石佛寺，在大兴区；最北的是北岔，在怀柔区石洞子村北，可谓"北京四极"。

1 月 14 日	天 文 时 刻			
	天亮	07 时 05 分	天黑	17 时 42 分
	日出	07 时 35 分	日没	17 时 12 分

今日历史气候值		
日平均气温	−3.8℃	
日平均最高气温	1.1℃	
日平均最低气温	−7.9℃	
日极端最高气温	6.8℃	（1986 年）
日极端最低气温	−13.3℃	（2001 年）
日最大降水量	0.8 毫米	（1981 年）
日最大风速	12.7 米 / 秒	（1972 年）

【其他】

北京地质之最

第一张地质图（1:20 万）：1910—1921 年完成。

第一部地质专著：1920 年出版的《北京西山地质志》。

最纯的石灰岩（可做塑料原料）：昌平龙山石灰岩。

最著名的工艺用彩石：昌平西湖村京粉翠。

最著名的建筑石料：房山石窝汉白玉。

最早的地震记载：公元 294 年 3 月（晋惠帝元康四年）。

最古老的岩石：密云区密云群沙厂组片麻岩。

最古老的岩浆岩：密云沙厂更长环斑花岗岩，距今约 16.38 亿年。

最新的岩浆岩：原京棉一厂热水井内玄武岩，距今约 29.29 万年。

最早的生物化石：延庆营门铁矿中的铁质迭层石，距今约 16 亿年。

1月15日	———————— 天 文 时 刻 ————————			
	天亮	07时05分	天黑	17时43分
	日出	07时35分	日没	17时14分

今日历史气候值		
日平均气温	−3.9℃	
日平均最高气温	1.2℃	
日平均最低气温	−8.1℃	
日极端最高气温	10.5℃	（1971年）
日极端最低气温	−16.6℃	（2001年）
日最大降水量	0.5毫米	（1998年）
日最大风速	12.3米/秒	（1978年）

【其他】

北京树木之最

古树封官最高的要算潭柘寺中的银杏树，相传为辽代所植，已有千岁，被乾隆皇帝封为"帝王树"。

最老的玉兰花在北京西山脚下的大觉寺，已有300年的高龄。

北京最老的松树是戒台寺的九龙松，已有1200多年历史，粗大的主干要4～5人才能合抱。

西山大觉寺有棵大白果树，树高30余米，树干粗3米，人称"白果王"，已有1000年的历史。

北京最古老的藤萝是虎坊桥晋阳饭庄院内的藤萝，已有200多年历史，相传是清代著名学者《四库全书》总编纂官纪昀种植的。

古都北京留下很多古树，有些古树是有官职或封爵的，今天北京有官爵的古树保留最多的地方要算是团城了。

1 月 16 日	天 文 时 刻			
	天亮	07 时 04 分	天黑	17 时 44 分
	日出	07 时 35 分	日没	17 时 15 分

今日历史气候值		
日平均气温	−3.5℃	
日平均最高气温	1.6℃	
日平均最低气温	−8.2℃	
日极端最高气温	11.3℃	（1986 年）
日极端最低气温	−17.0℃	（2001 年）
日最大降水量	0 毫米	（2000 年）
日最大风速	11.0 米 / 秒	（1987 年）

【其他】

北京各物候季的主要标志

初春：主要标志是野草发青（平均日期 3 月 7 日 ±21 天）。

仲春：主要标志是枣树始花（平均日期 3 月 22 日 ±16 天）。

季春：主要标志是榆树发芽（平均日期 4 月 16 日 ±17 天）。

初夏：主要标志是洋槐盛开（平均日期 5 月 9 日 ±11 天）。

仲夏：主要标志是板栗始花（平均日期 6 月 4 日 ±19 天）。

季夏：主要标志是蟋蟀始鸣（平均日期 7 月 23 日 ±37 天）。

初秋：主要标志是梧桐种子成熟（平均日期 9 月 2 日 ±16 天）。

仲秋：主要标志是野菊开花（平均日期 9 月 24 日 ±20 天）。

季秋：主要标志是初霜出现（平均日期 10 月 13 日 ±26 天）。

初冬：主要标志是薄冰初见（平均日期 10 月 23 日 ±31 天）。

隆冬：主要标志是土壤开始冻结（平均日期 11 月 9 日 ±31 天）。

1月17日	———————— 天 文 时 刻 ————————			
	天亮	07时04分	天黑	17时46分
	日出	07时35分	日没	17时16分

今日历史气候值		
日平均气温	−3.7℃	
日平均最高气温	1.0℃	
日平均最低气温	−7.5℃	
日极端最高气温	9.1℃	（2007年）
日极端最低气温	−13.7℃	（2001年）
日最大降水量	0.2毫米	（1985年）
日最大风速	14.3米／秒	（1979年）

【其他】

北京的南北中轴线

老北京的南北中轴线南起永定门，北到钟楼，直线距离约7.8千米，中国著名建筑学家梁思成在《北京——都市计划的无比杰作》一文写道："一根长达八公里，全世界最长，也最伟大的南北中轴线穿过了全城。北京独有的壮美秩序就由这条中轴的建立而产生。前后起伏左右对称的体形或空间的分配都是以这中轴为依据的。气魄之雄伟就在这个南北延伸，一贯到底的规模。有这样气魄的建筑总布局，以这样规模来处理空间，世界上就没有第二个！"随着城市的发展，这条中轴线得到了很好的保护和延伸，目前向北已延伸到奥体公园。

1月18日	------------- 天文时刻 -------------			
	天亮	07 时 04 分	天黑	17 时 47 分
	日出	07 时 34 分	日没	17 时 17 分

今日历史气候值		
日平均气温	−3.7℃	
日平均最高气温	1.1℃	
日平均最低气温	−7.9℃	
日极端最高气温	7.5℃	（2009 年）
日极端最低气温	−14.0℃	（2000 年）
日最大降水量	0.5 毫米	（1977 年）
日最大风速	12.7 米 / 秒	（1979 年）

【其他】

假如地球上的冰都融化

　　假如地球上所有的冰都融化，在北极、南极和一些高山上将会出现新的土地。但是随着海平面的升高，世界将会有大片土地被水淹没。

　　在过去的每一次冰期和间冰期，海平面都发生很大变化。所以如果地球上的冰都融化，海平面也会相应发生变化。格陵兰和南极洲部分地区的冰层厚度已被测量出来，因此，科学家能够预测出储存在那里的水量。

　　据估计，如果地球上所有的冰都融化，海平面至少会升高 65 米，这样一来，欧洲的海岸线就会发生极大的变化。低洼地区包括丹麦和荷兰两国的全部领土，将会被海水淹没。许多大城市也将被水淹没，其中包括一些国家的首都，如伦敦、柏林、巴黎、罗马、赫尔辛基等。

1月19日	———————— 天 文 时 刻 ————————			
	天亮	07 时 03 分	天黑	17 时 48 分
	日出	07 时 34 分	日没	17 时 18 分

今日历史气候值		
日平均气温	-3.3℃	
日平均最高气温	1.9℃	
日平均最低气温	-7.7℃	
日极端最高气温	6.4℃	（1989 年）
日极端最低气温	-15.7℃	（1977 年）
日最大降水量	0 毫米	（1971 年）
日最大风速	9.3 米 / 秒	（1976 年）

【气象与农事】

北京果树的季节管理

为提高果树产量，必须根据不同季节气候情况和果树生长需要，对果树进行科学的管理。

春季果树开始生叶、开花，应及时做好浇水、追肥、中耕和喷药治虫工作，并按照要求对果树进行各种修剪。

夏季是果实生长的重要时期，应继续为果树浇水、追肥、除草、喷药及必要的修剪。

秋季采收果实、清理果园并为果树越冬做准备工作。9 月收获苹果、核桃、板栗、柿子、梨等果实，为核桃追肥、浇水、剪梢，为葡萄树追肥、浇水、摘心；10 月为果树施基肥，为葡萄树绑蔓。

入冬前应为果树浇冻水，为桃树、板栗树涂白，为葡萄树埋土。冬季应对苹果、桃、梨、板栗等果树进行冬季修剪，防治核桃树病虫害，为果树准备肥料。

1月20日	天文时刻			
	天亮	07时03分	天黑	17时49分
	日出	07时33分	日没	17时19分

今日历史气候值		
日平均气温	−2.9℃	
日平均最高气温	2.0℃	
日平均最低气温	−7.3℃	
日极端最高气温	8.9℃	（2009年）
日极端最低气温	−13.6℃	（1977年）
日最大降水量	0.2毫米	（2001年）
日最大风速	20.0米/秒	（1979年）

【气象与农事】

气象与农事（1月）

本月小麦处于越冬期，主要农业气象灾害是冬旱或冻害，应重点关注气象要素包括日最低与最高气温（日消夜冻）。板栗处于休眠期，应在晴或多云天气适宜修剪清园，主要灾害是低温冻害；大棚黄瓜、番茄等作物的主要农事包括下种、浇水、施肥、拔草等田间管理，保证棚内气温在5～20℃，并且日照充足；苹果应刮皮治虫，并防止低温冻害；葡萄要加强田间巡视，有裂缝的地方要注意填埋，防止冻害。

1月21日	———————— 天 文 时 刻 ————————			
	天亮	07时02分	天黑	17时50分
	日出	07时33分	日没	17时20分

今日历史气候值		
日平均气温	−3.1℃	
日平均最高气温	1.7℃	
日平均最低气温	−7.3℃	
日极端最高气温	7.8℃	（1989年）
日极端最低气温	−14.8℃	（2000年）
日最大降水量	0.3毫米	（2000年）
日最大风速	12.7米/秒	（1972年）

【气候】

大 寒

每年1月20日前后，当太阳到达黄经300°时，为大寒节气。大寒是我国大部地区一年中最寒冷的时期，风大、低温、天寒地冻。《三礼义宗》云："寒气之逆极，故谓大寒。"

有谚语说"大寒不寒，春分不暖"，意思是大寒这一天如果天气不冷，那么寒冷的天气就会向后展延，来年的春分时节天气就会十分寒冷。从农谚流传的说法来看，大寒宜冷不宜暖。大寒节气天气暖湿，预示阳历2—4月份的低温阴雨严重，对春耕作物生长产生不利影响。这方面的谚语有："大寒猪屯湿，三月谷芽烂""大寒牛眠湿，冷到明年三月三""南风送大寒，正月赶狗不出门"等。

大寒是二十四节气的最后一个节气，过了大寒，又迎来新一年的节气轮回。这时候，人们开始忙着除旧饰新、准备年货，因为中国人最重要的节日——春节就要到了。

1月22日	─────── 天 文 时 刻 ───────			
	天亮	07时02分	天黑	17时51分
	日出	07时32分	日没	17时21分

今日历史气候值		
日平均气温	−2.9℃	
日平均最高气温	1.9℃	
日平均最低气温	−6.9℃	
日极端最高气温	7.2℃	（1994年）
日极端最低气温	−12.5℃	（1979年）
日最大降水量	7.6毫米	（2003年）
日最大风速	16.7米/秒	（1974年）

【气象知识】

天冷是因为太阳离我们远吗

有人认为，天冷是因为太阳离我们远，天热是因为太阳离我们近，这是不对的。恰恰相反，我国处在北半球，太阳离地球比较近的时候，正是寒冷的冬天，而太阳离地球比较远的时候，却是炎热的夏天。因为地球离太阳实在太远了，平均距离是15 000万千米，而地球离太阳最远和最近的时候只相差500万千米。所以，地球上得到的光和热，虽然因为离太阳远近有所不同，但这种差别是非常有限的。

决定地球上气候冷热的，是太阳照射角度的变化。因为地球是斜着身子围绕太阳旋转，太阳光照到地球上某一个地方的角度就在不断地变化。夏天，太阳直射北半球，冬天，太阳斜射北半球。同样多的太阳光，直射的时候照到的地方要比斜射的时候照到的地方小。同样大小的一块地方，太阳直射的时候，接收到的太阳光多，天气就热；太阳斜射的时候，接收到的太阳光少，天气当然就冷了。

1月23日	——————— 天 文 时 刻 ———————			
	天亮	07时01分	天黑	17时52分
	日出	07时32分	日没	17时22分

今日历史气候值		
日平均气温	−3.6℃	
日平均最高气温	1.0℃	
日平均最低气温	−7.8℃	
日极端最高气温	10.7℃	（1979年）
日极端最低气温	−13.8℃	（1976年）
日最大降水量	14.6毫米	（1973年）
日最大风速	10.7米／秒	（1987年）

【气象与健康】

人体对气候的适应能力

据研究，裸体的人通过自身的热量调节，可以在气温 27 ～ 37 ℃的环境中维持正常体温。超过这个范围，人体需要穿上合适的衣服才能适应环境。实践表明，人类可以在气温 −90 ～ 60 ℃的环境中生存，但是，不同年龄、体质和不同地区的人，对气候的适应能力有很大差别。

成年人比儿童和老年人气候适应能力强。儿童、特别是婴儿体温调节能力差，免疫系统还不完善，稍受刺激便会感染疾病，老年人由于体温调节能力衰退，不到冬天就早早穿上棉衣。体质好的人，整个冬天都不穿棉衣，患病的人在天气变化时往往病情加重。

在不同地域生活的人对气候适应能力不一样。热带沙漠地区的人，可以赤脚若无其事地在温度 75 ℃以上的沙子上行走；在北极圈内生活的因纽特人可以在雪地里安然入睡；南方人冬季来到北京，常因干燥而鼻腔出血、皮肤皲裂；北京人到南方，夏天容易长痱子，冬天容易长冻疮。

1月24日	———————— 天 文 时 刻 ————————		
	天亮	07时00分	天黑	17时53分
	日出	07时31分	日没	17时23分

今日历史气候值		
日平均气温	−3.4℃	
日平均最高气温	1.9℃	
日平均最低气温	−8.2℃	
日极端最高气温	10.8℃	（1979年）
日极端最低气温	−14.9℃	（1974年）
日最大降水量	5.4毫米	（1973年）
日最大风速	11.3米/秒	（1975年）

【其他】

地球的年纪有多大

地球从形成到现在，一般认为已有45亿年。根据地质科学家的研究，有较完整的地质历史记录的年龄，仅有27亿多年。在这以前称为地球的史前阶段。

地球有记录的历史，从老到新分为五个"代"，各个"代"中又分了"纪"，"纪"下再进一步划分了"世"。如太古代分为片麻岩纪、结晶岩纪；元古代分为震旦纪；古生代分为寒武纪、奥陶纪、志留纪、泥盆纪、石炭纪、二叠纪；中生代分为三叠纪、侏罗纪和白垩纪；新生代分为第三纪和第四纪等。各代、纪的时间长短都不一样，太古代约为13亿年，元古代约19亿年，古生代约3.2亿年，中生代约1.85亿年，新生代只有6500万年。

人类的出现，据考证约在新生代第四纪更新世的初期，距今仅有100万年的历史。而地球上最早的生物"古球藻"，远在太古代以前就已出现了。

1 月 25 日	————— 天 文 时 刻 —————			
	天亮	07 时 00 分	天黑	17 时 54 分
	日出	07 时 31 分	日没	17 时 25 分

今日历史气候值		
日平均气温	−2.9℃	
日平均最高气温	2.4℃	
日平均最低气温	−7.5℃	
日极端最高气温	12.1℃	（1979 年）
日极端最低气温	−14.8℃	（1972 年）
日最大降水量	1.7 毫米	（1972 年）
日最大风速	12.3 米 / 秒	（1972 年）

【其他】

有关地球的数据

地球是太阳系八大行星之一，也是最美丽的一颗行星。它的外面被厚厚的一层大气所包围，内部则由地壳、地幔和地核所组成。大陆地壳平均厚度约 33 千米，最厚处可达 70 千米，海洋最薄处约 5 千米。地壳岩石的年龄大多数小于 20 多亿年，地核占地球体积的 16.2％，质量却占 31％，地心密度达 13 克 / 厘米^3、压力可能超过 370 万百帕，地球内部温度 100 千米处 1300℃，300 千米处约 2000℃，地心温度为 5500 ～ 6000℃。整个地表一年通过热传导从地下向地表释放的地热，相当于燃烧 300 多亿吨煤释放的热量。地球上平均每年发生地震 500 多万次。

1月26日	——————— 天 文 时 刻 ———————			
	天亮	06 时 59 分	天黑	17 时 55 分
	日出	07 时 30 分	日没	17 时 26 分

今日历史气候值		
日平均气温	−2.7 ℃	
日平均最高气温	3.4 ℃	
日平均最低气温	−7.5 ℃	
日极端最高气温	10.6 ℃	（1999 年）
日极端最低气温	−14.8 ℃	（1976 年）
日最大降水量	1.1 毫米	（1985 年）
日最大风速	15.0 米 / 秒	（1978 年）

【其他】

有关月球的数据

月球的平均亮度为太阳亮度的 1/465 000。它给大地的照明，相当于 100 瓦电灯在距离 21 米处的照度。满月的亮度比上下弦要大十多倍。在阳光直射的月球部分温度高达 127 ℃；背光部分，温度可降到 −183 ℃。月球上每年有 300 ～ 400 次地震。月球上没有生命。

月地平均距离：384 400 千米；月地最近距离：356 400 千米；月地最远距离：406 700 千米；朔望月：29.530 59 日；月球直径：3476 千米（约为地球直径的 3/11）；月球面积：约是地球的 1/14；月球体积：相当地球的 1/49；月球质量：约等于地球的 1/81.3；月球平均密度：3.34 克 / 厘米 ^{3}；月球上的重力加速度：1.62 米 / 秒 ^{2}；月球年龄：约 46 亿年。

1月27日	──────────── 天 文 时 刻 ────────────		
	天亮	06时58分	天黑	.17时56分
	日出	07时29分	日没	17时27分

今日历史气候值		
日平均气温	-2.6℃	
日平均最高气温	2.8℃	
日平均最低气温	-7.3℃	
日极端最高气温	9.2℃	（1987年）
日极端最低气温	-18.3℃	（1972年）
日最大降水量	0.9毫米	（1990年）
日最大风速	13.7米/秒	（1977年）

【气象知识】

世界天气监测网

世界天气监测网是由世界气象组织，在国际广泛协作的基础上组成的全球天气监视体系。它向世界气象组织的成员提供全球气象情报、资料、分析、预报图和警报等材料。

世界天气监测网在业务上包括全球观测系统、全球电信系统和全球资料加工系统。全球观测系统除包含地面观测站、高空观测站外，还包括定点海洋天气站、气象卫星、志愿地面观测船、一些提供航测天气的班机以及在空白地带所设立的自动气象站。任务是向各成员国提供基本气象观测资料。全球电信系统把世界气象中心和区域气象中心连成全球闭合通信环路，将全球常规气象观测记录，迅速集中到世界气象中心和区域气象中心，借助资料处理系统，加工为基本资料，再借环路发送，供各国应用。

1 月 28 日	——————— 天 文 时 刻 ———————			
	天亮	06 时 58 分	天黑	17 时 58 分
	日出	07 时 28 分	日没	17 时 28 分

今日历史气候值		
日平均气温	−2.0℃	
日平均最高气温	3.4℃	
日平均最低气温	−6.7℃	
日极端最高气温	11.1℃	（1987 年）
日极端最低气温	−16.1℃	（1972 年）
日最大降水量	3.8 毫米	（1990 年）
日最大风速	12.0 米/秒	（1976 年）

【气象知识】

天气预报的由来

1854 年 11 月 14 日，在欧洲东南部的黑海突然出现了暴风雨。当时英国和法国正在黑海上和沙皇俄国作战，英法联合舰队停泊在黑海上，狂风巨浪把这支舰队消灭得干干净净。大风暴给他们的海军造成了巨大损失，法国皇帝拿破仑三世命令巴黎天文台调查这场风暴是怎么引起的。

一位叫勒威耶的天文学家承担了这个任务，他搜集了欧洲许多地方在 11 月 14 日前后几天的气象资料，发现这次风暴是由一个低压引起的，这个低气压最早出现在欧洲西部大西洋上，之后从西北向东南运行，最后到了黑海，造成了这场大灾难。

勒威耶弄清了这场风暴的来龙去脉，写了一份调查报告，并且建议建立气象观测网，利用电报迅速地传递气象情报，绘制天气图，这样，就可以预报天气了。勒威耶的建议受到了重视，后来于 1860 年实施，开创了现代天气预报的先河。

1 月 29 日	————— 天 文 时 刻 —————		
	天亮	06 时 57 分	天黑	17 时 59 分
	日出	07 时 27 分	日没	17 时 30 分

今日历史气候值		
日平均气温	−1.9℃	
日平均最高气温	3.2℃	
日平均最低气温	−6.7℃	
日极端最高气温	9.9℃	（1983 年）
日极端最低气温	−15.0℃	（2003 年）
日最大降水量	1.7 毫米	（1972 年）
日最大风速	15.7 米 / 秒	（1980 年）

【气象知识】

天气预报方法

近代天气预报方法总的可分为两类：一类为经验方法；一类为客观预报方法，包括数值预报和统计预报。

1. 经验方法，也称主观预报方法，主要依据天气图、卫星和雷达资料以及各种经验规则和统计图表。预报的正确性很大程度上取决于预报员的经验，这种方法的缺点是不够客观和定量。

2. 数值预报，即在给定的初始条件下通过数值积分描写大气运动的方程组而得到未来某一时刻大气环流状况和气象要素的分布，它是实现预报客观化定量化的主要手段。

3. 统计预报，在统计方法中，未来的天气状况可以根据现在天气状态和气候平均的时间滞后估计。它的优点是以观测的实际大气的特点为依据，而缺点是根据现有的气候资料序列建立起来的一些简单的回归方程具有显著的抽样误差，也不能反映大气中复杂的非线性物理过程和动力过程，随着时间的延长，预报的效用越来越小。

1 月 30 日	---------------- 天 文 时 刻 ----------------			
	天亮	06 时 56 分	天黑	18 时 00 分
	日出	07 时 26 分	日没	17 时 31 分

今日历史气候值		
日平均气温	−2.5 ℃	
日平均最高气温	2.8 ℃	
日平均最低气温	−7.2 ℃	
日极端最高气温	12.6 ℃	（1993 年）
日极端最低气温	−18.1 ℃	（1973 年）
日最大降水量	1.6 毫米	（1972 年）
日最大风速	10.7 米 / 秒	（1980 年）

【气象知识】

天气和气候的区别

天气是在某一瞬间或某一时段内，大气中各种气象要素（如气温、气压、湿度、风、云、降水、能见度等）在空间分布及其伴随现象的综合状况。天气随时间的变化即天气变化。

气候则是指长期的平均状态，是热量、水分及空气运动的大气综合状态的特征统计，时间尺度为月、季、年、数年到数百年以上。气候视其空间尺度的大小，可分为大气候、中气候和小气候。

区分二者是十分重要的，因为它们对人类行为的影响是不一样的。天气时间短，是多变的，天气影响到人类的日常生活，如阴、晴、冷、暖、干、湿等；而气候变化是一个长时间的变化过程，对社会的影响也是长时间的。

1月31日	—————————— 天 文 时 刻 ——————————			
	天亮	06 时 56 分	天黑	18 时 01 分
	日出	07 时 25 分	日没	17 时 32 分

今日历史气候值		
日平均气温	-2.0℃	
日平均最高气温	3.4℃	
日平均最低气温	-6.8℃	
日极端最高气温	10.5℃	（1976 年）
日极端最低气温	-15.2℃	（1977 年）
日最大降水量	5.0 毫米	（1972 年）
日最大风速	9.7 米 / 秒	（2001 年）

【气象知识】

自然界的语言——物候

地球上除了人类之外，还生长着各种各样的动物和植物。它们年复一年，循环不息地变换着容颜，为人类传递着气候变化的信息，向我们暗示季节的变化。比如，树木、农作物的发芽、长叶、开花和结果；一些候鸟的春来秋去，昆虫、两栖动物如青蛙的出没、鸣叫，以及风霜冰雪的有无等，都是受气候影响而出现的不同现象。这些自然现象叫作物候。

随着社会的发展，物候知识现在已经发展成为一门科学，叫作物候学，也叫生物气候学。它是研究自然界的植物、动物和环境条件之间周期变化相互关系的科学。

物候和农时有着一定的关系，我国古代劳动人民曾用物候知识掌握农时。

气象北京365 —————— 2月份

2月1日	天 文 时 刻			
	天亮	06 时 56 分	天黑	18 时 02 分
	日出	07 时 24 分	日没	17 时 33 分

今日历史气候值		
日平均气温	−1.8℃	
日平均最高气温	3.3℃	
日平均最低气温	−6.1℃	
日极端最高气温	11.6℃	（1976 年）
日极端最低气温	−15.7℃	（1977 年）
日最大降水量	0.6 毫米	（1983 年）
日最大风速	12.7 米 / 秒	（1972 年）

【气候】

北京 2 月气候概况

北京的 2 月，气温开始缓慢回升，但天气仍较寒冷。下旬，土壤和湖水开始日消夜冻，草木萌动。

本月气温通常在 −5 ～ 5℃之间，月平均气温 0.2℃。历史上，2 月份最低气温曾下降到 −27.4℃（1966 年 2 月 22 日），最高气温曾达到 19.8℃(1996 年 2 月 13 日)。气温达到 −10℃以下的严寒日为 1.8 天左右。

月降水量只有 4.4 毫米，降雪日数平均 2.6 天，空气干燥。

本月大风日数平均 1.3 天左右，一般为偏北大风，有时伴有扬沙。

2月2日	------------ 天文时刻 ------------			
	天亮	06时54分	天黑	18时03分
	日出	07时23分	日没	17时34分

今日历史气候值		
日平均气温	−2.2℃	
日平均最高气温	3.5℃	
日平均最低气温	−7.1℃	
日极端最高气温	11.1℃	（2002年）
日极端最低气温	−16.0℃	（1972年）
日最大降水量	0.5毫米	（1974年）
日最大风速	12.0米/秒	（1980年）

【气象知识】

物候的差异

我国南方和北方的物候现象有很大差异，比如南京和北京相距980千米，在同一节气里，这两个地区气温不一样。每年4月份，南京的平均气温是12℃，北京的平均气温是8℃，因此树木生长不一样，南京桃树一般在3月开花，北京的桃树要到4月才开花。

我国东部和西部地区的物候也不同。我国东部沿海地区春季和秋季都比内地来得迟。因为海洋吸收太阳热量多，春季不如陆地升温快，因此，沿海春季来得迟。到了秋季，海水的热量散发慢，所以沿海地区的秋季也比内地来得迟。比如，山东烟台地区在沿海，而济南在内陆，每年烟台苹果树开花要比济南晚半个多月，正好花期避开春寒，这是烟台苹果丰收的原因。烟台的秋天也比济南来得迟，苹果又有较多的成熟时间，这使烟台苹果美味可口。

2月3日	------------- 天 文 时 刻 -------------			
	天亮	06 时 53 分	天黑	18 时 04 分
	日出	07 时 22 分	日没	17 时 35 分

今日历史气候值		
日平均气温	−2.3℃	
日平均最高气温	3.5℃	
日平均最低气温	−7.2℃	
日极端最高气温	12.8℃	（2007 年）
日极端最低气温	−14.9℃	（1984 年）
日最大降水量	0.2 毫米	（1973 年）
日最大风速	13.7 米 / 秒	（1980 年）

【气象知识】

大气的起源

大气并非一直像今天这样的状态，现在的大气是逐渐变化的结果。

最初，地球是一个表面温度超过 8000 ℃的熔融球体。由于温度极高，地球原始大气的气体，容易脱离地球的吸引而逸散到太空。当地球冷却到形成固体外壳时，溶解在熔岩中的气体被逐渐释放出来。这个新大气的主要成分可能是水汽、二氧化碳和氮气。

当地球继续冷却，云形成了，大暴雨也出现了。起初，水滴在到达地球表面之前就被蒸发掉或到达地球表面之后迅速沸腾而蒸发，这有助于加速地球表面的冷却，当地球充分地冷却后，暴雨连续地下了成千上万年，雨水灌满了海洋盆地，这不仅减少了空气中的水汽含量，而且也同样洗去了大气中的很多二氧化碳。

2 月 4 日	————— 天 文 时 刻 —————			
	天亮	06 时 52 分	天黑	18 时 05 分
	日出	07 时 21 分	日没	17 时 37 分

今日历史气候值		
日平均气温	−1.8℃	
日平均最高气温	3.8℃	
日平均最低气温	−6.7℃	
日极端最高气温	11.5℃	（2002 年）
日极端最低气温	−13.7℃	（1972 年）
日最大降水量	1.0 毫米	（2001 年）
日最大风速	14.0 米 / 秒	（1980 年）

【气候】

立 春

每年 2 月 4 日前后，当太阳到达黄经 315° 时，为立春节气。据《月令七十二候集解》载："立，建始也。"春为一岁首，在刘熙所著《释名》一书中说："春，蠢也，动而生也。"这就是万物蠢动、春意盎然的意思。

立春是受农民欢迎的节气，因为它给人们带来了温暖，带来了希望。因此，有关立春的天气谚语很多。如以晴天无雨为依据的有"立春晴，雨水匀""立春晴、一春晴"等；以雨雪为依据的有"立春雨淋淋，阴阴湿湿到清明""打春下大雪，百日还大雨"等；以雷电为依据的有"雷打立春节，惊蛰雨不歇""立春一声雷，一月不见天"等；以冷暖为依据的有"立春寒，一春暖"等；以风力为依据的有"立春北风雨水多""立春东风回暖早、立春西风回暖迟"等。

2月5日	——— 天 文 时 刻 ———			
	天亮	06 时 51 分	天黑	18 时 06 分
	日出	07 时 20 分	日没	17 时 38 分

今日历史气候值		
日平均气温	−1.2℃	
日平均最高气温	4.9℃	
日平均最低气温	−6.0℃	
日极端最高气温	16.0℃	（2007 年）
日极端最低气温	−14.3℃	（1977 年）
日最大降水量	0.9 毫米	（2001 年）
日最大风速	17.0 米 / 秒	（1979 年）

【气象知识】

标准大气

所谓标准大气，就是能够粗略地反映出多年的，中纬度状况的，得到国际上承认的，假定的一种模式大气。它的典型用途是作为压力高度计校准、飞机性能计算、飞机和火箭设计、弹道制表和气象制图的基准。在一个时期内，只能规定一个标准大气，这个标准大气，除相隔多年做修正外，不允许经常变动。目前世界各国通用的标准大气分为 32 千米以下和 50 千米以下两部分，其中以 32 千米以下部分用得最多，它是假设大气处于静力平衡状态时，由海平面至 32 千米范围内气层的平均状况而制定的。

2月6日	———————— 天 文 时 刻 ————————			
	天亮	06 时 50 分	天黑	18 时 07 分
	日出	07 时 19 分	日没	17 时 39 分

今日历史气候值		
日平均气温	−0.6℃	
日平均最高气温	4.8℃	
日平均最低气温	−5.6℃	
日极端最高气温	15.8℃	（1993 年）
日极端最低气温	−14.6℃	（1980 年）
日最大降水量	4.9 毫米	（2006 年）
日最大风速	12.0 米 / 秒	（1975 年）

【气象知识】

大气分层

按大气温度随高度分布的特征，可把大气分成对流层、平流层、中间层、热层和散逸层。对流层是大气的最下层，它的高度因纬度和季节而异。对流层顶在低纬度地区较高而高纬地区较低，在夏季其高度大于冬季。对流层顶至向上约 50 千米高度为平流层。此层臭氧含量较高，温度随高度增加且非常稳定，对流不易发展，运动主要是水平方向。平流层顶到约 85 千米高度为中间层，此层气温随高度增高而迅速降低并出现强烈地对流运动，但由于空气稀薄，对流运动不能与对流层相比。中间层以上为热层，通常所称的电离层就位于此层中。热层顶以上是散逸层，它是大气的最高层。这层中气温很高，粒子运动速度很大，且地心引力很小，因此一些高速运动的空气质粒可能散逸到星际空间，这就是"散逸层"名称的由来。

2月7日	--------------- 天 文 时 刻 ---------------			
	天亮	06时49分	天黑	18时08分
	日出	07时18分	日没	17时40分

今日历史气候值		
日平均气温	−1.0℃	
日平均最高气温	4.8℃	
日平均最低气温	−5.8℃	
日极端最高气温	14.6℃	（1995年）
日极端最低气温	−15.4℃	（1980年）
日最大降水量	1.8毫米	（2010年）
日最大风速	12.0米/秒	（1974年）

【气象知识】

大气活动中心

　　海陆间的热力差异使完整的纬向气压带分裂成一个个闭合的高压和低压。冬季，大陆表面空气温度低于海洋表面，因此在寒冷的大陆上形成高压中心，同时在较暖的大洋上形成势力较大的低压中心，夏季的气压分布与冬季正好相反。这些在大陆和海洋上分布形成的高压中心或低压中心，统称为大气活动中心。活动中心的位置和强弱反映了广大地区大气环流运行的特点，其活动和变化对其附近乃至全球的大气环流、高低纬间的海陆间热量、水分交换有重要影响，从而影响天气、气候的形成和演变。那些终年维持着的大气活动中心称为永久性活动中心，仅在某个季节出现的大气活动中心称为半永久性活动中心。

2月8日	-------------- 天 文 时 刻 --------------			
	天亮	06 时 48 分	天黑	18 时 10 分
	日出	07 时 17 分	日没	17 时 42 分

今日历史气候值		
日平均气温	−0.7℃	
日平均最高气温	4.9℃	
日平均最低气温	−5.4℃	
日极端最高气温	12.9℃	（1987 年）
日极端最低气温	−12.7℃	（1975 年）
日最大降水量	3.7 毫米	（1978 年）
日最大风速	12.1 米 / 秒	（1994 年）

【气象知识】

大气探测

　　大气探测是对表征大气状况的气象要素、天气现象及其变化过程进行个别或系统的、连续的观察和测定，并对获得的记录进行整理。大气探测按照探测方法可分为器测、目测两类，其中器测又分为直接探测与遥感探测。直接探测是指仪器的感应部分直接置于探测的大气介质中，根据元件性质的变化，得到描述大气状况的气象参数的探测手段，如气压计、温度计测量等；遥感探测指根据电磁波在大气中传播过程中信号的变化，反演出大气中气象要素的变化，如雷达观测等。目测项目指的是凭借目力或借助辅助仪器进行的观测，主要由观测员用肉眼观测，如云、天气现象的演变过程。根据探测对象的不同，大气探测又可分为近地面层大气探测、高空大气层探测和专业性大气探测。

2 月 9 日	——————— 天 文 时 刻 ———————			
	天亮	06 时 47 分	天黑	18 时 11 分
	日出	07 时 16 分	日没	17 时 43 分

今日历史气候值		
日平均气温	−0.3 ℃	
日平均最高气温	5.4 ℃	
日平均最低气温	−5.3 ℃	
日极端最高气温	14.5 ℃	（2007 年）
日极端最低气温	−12.7 ℃	（2006 年）
日最大降水量	2.5 毫米	（1985 年）
日最大风速	12.0 米 / 秒	（1974 年）

【气象知识】

大气遥感

大气遥感探测是指大气探测仪器与被探测大气在相隔一定距离的情况下，通过某种辐射波在大气中传播所获得的信息来反演大气参数的一种大气探测方法。大气遥感技术的应用，使人们能够在更为广阔的空间（乃至全球）获取大气的多种信息，使大气探测进入了一个崭新的发展阶段。这一发展阶段以 20 世纪 40 年代微波雷达的采用，60 年代卫星遥感和激光雷达的采用为标志，至今已经取得了迅速的发展和广泛的应用。

根据遥感探测仪器是否主动发射探测波束，可分为主动遥感和被动遥感，被动遥感可利用大气本身发射的辐射或其他自然辐射源发射的辐射同大气相互作用的物理效应来直接探测，如气象卫星；主动遥感则需向大气发射各种频率的高功率的波信号，然后接收、分析并显示被大气反射回来的回波信号，从中提取大气成分和气象要素的信息，如天气雷达。

2 月 10 日	------------ 天 文 时 刻 ------------			
	天亮	06 时 46 分	天黑	18 时 12 分
	日出	07 时 15 分	日没	17 时 44 分

今日历史气候值		
日平均气温	−0.2℃	
日平均最高气温	5.6℃	
日平均最低气温	−5.3℃	
日极端最高气温	16.1℃	（2009 年）
日极端最低气温	−13.5℃	（1975 年）
日最大降水量	3.5 毫米	（2011 年）
日最大风速	12.0 米 / 秒	（1980 年）

【气象知识】

大气稳定度

大气稳定度指整层空气的稳定程度，以大气的气温垂直变化来判定。大气中某高度的气块在受到外力作用时，产生向上或向下运动，可以出现以下三种情况：

1. 稳定状态。移动后逐渐减速，并有返回原高度的趋势。

2. 不稳定状态。移动后，加速向上或向下运动。

3. 中性平衡状态。如将它推到某一高度后，将稳定在这一高度，即"随遇而安"。

大气稳定度，对于形成云和降水有重要作用，有时也称大气垂直稳定度。简而言之：空气受到垂直方向扰动后，大气层结（温度和湿度的垂直分布）使该空气团具有返回或远离原来平衡位置的趋势和程度。

2 月 11 日	------------ 天 文 时 刻 ------------			
	天亮	06 时 45 分	天黑	18 时 13 分
	日出	07 时 14 分	日没	17 时 45 分

今日历史气候值		
日平均气温	0.4℃	
日平均最高气温	6.2℃	
日平均最低气温	−4.9℃	
日极端最高气温	14.4℃	（2009 年）
日极端最低气温	−11.4℃	（1975 年）
日最大降水量	3.6 毫米	（1994 年）
日最大风速	12.0 米 / 秒	（1974 年）

【气象知识】

包围着我们的大气圈

我们生活的地球被一层大气所包围，整个大气层的厚度约 1000 千米，但主要成分集中在近地面。正是有了大气，才会出现风、云、雨、雪等天气现象，使得地球上气象万千、丰采多姿。

大气圈可以按不同的标准分成不同的层次，最常用的分层法是按大气温度随高度垂直变化的特征来分，由地面向上依次为对流层、平流层、中间层、热层和散逸层；如按化学成分来分，则可分为均质层和非均质层（约以 90 千米为界）；以电学性质来分，则分为非电离层、电离层和磁层。尤其值得提出的是在 15 ～ 50 千米（极大值在 20 ～ 25 千米）高度间存在一个臭氧层，它能够吸收掉绝大部分太阳紫外辐射，从而保护了地球上的生物。

2月12日	———————— 天文时刻 ————————			
	天亮	06 时 44 分	天黑	18 时 14 分
	日出	07 时 13 分	日没	17 时 46 分

今日历史气候值		
日平均气温	0.1 ℃	
日平均最高气温	6.4 ℃	
日平均最低气温	−5.0 ℃	
日极端最高气温	13.6 ℃	（1981 年）
日极端最低气温	−13.5 ℃	（1978 年）
日最大降水量	8.6 毫米	（2009 年）
日最大风速	12.3 米 / 秒	（1971 年）

【气象知识】

冰期与间冰期

地球历史上的冰期、间冰期是全球变化中非常重要的周期性循环变化阶段，表现为气候冷暖、干湿的交替变化。冰期指由于气温显著降低，冰川规模过大和增厚的时期。在冰期里，高纬度地区的冰盖扩张，向中纬度推进，高山地区的山岳冰川向低地伸展，海面降低，气候和土壤生物带向赤道方向迁移。间冰期是指两次冰期之间由于气候变暖，冰川缩小和消融的时期，在间冰期里，冰川退缩，海面回升，气候和生物带向两极方向迁移。地球的历史实际上是冰期、间冰期反复交替出现的历史，在漫长的时期内，地球上经历了 4 次大冰期和 3 次大间冰期。

2月13日	天 文 时 刻			
	天亮	06时43分	天黑	18时15分
	日出	07时11分	日没	17时47分

今日历史气候值		
日平均气温	0.5℃	
日平均最高气温	6.6℃	
日平均最低气温	−4.8℃	
日极端最高气温	19.8℃	（1996年）
日极端最低气温	−12.2℃	（1983年）
日最大降水量	2.6毫米	（2009年）
日最大风速	13.0米/秒	（1979年）

【灾害与防御】

电线积冰预警信号

雨凇、雾凇凝附在导线上或湿雪冻结在导线上的现象，称为电线积冰。电线积冰容易造成输电线路短路，积冰严重时会造成电线折断、电杆倒塌，严重影响供电安全。

电线积冰预警信号分两级，分别以黄色、橙色表示。

电线积冰黄色预警信号的划分标准：出现降雪、雾凇、雨凇等天气后遇低温出现电线积冰，预计未来24小时仍将持续。

电线积冰橙色预警信号的划分标准：出现降雪、雾凇、雨凇等天气后遇低温出现严重电线积冰，预计未来24小时仍将持续，可能对电网有影响。

2月14日	天 文 时 刻			
	天亮	06时42分	天黑	18时16分
	日出	07时10分	日没	17时48分

今日历史气候值		
日平均气温	0.6℃	
日平均最高气温	5.7℃	
日平均最低气温	−3.7℃	
日极端最高气温	14.5℃	（1996年）
日极端最低气温	−13.2℃	（1980年）
日最大降水量	4.0毫米	（1990年）
日最大风速	14.3米／秒	（1977年）

【灾害与防御】

电线积冰防御指南

车辆和人员不宜在有积冰的电线与铁塔下停留或走动、驾驶，以免冰凌掉落而砸伤。

加强对输电线路等重点设备、设施的检查和检修，确保正常，加强对应急物资、装备的检查。

2 月 15 日	天 文 时 刻			
	天亮	06 时 41 分	天黑	18 时 17 分
	日出	07 时 09 分	日没	17 时 49 分

今日历史气候值		
日平均气温	0.1 ℃	
日平均最高气温	5.7 ℃	
日平均最低气温	−4.6 ℃	
日极端最高气温	12.4 ℃	（2003 年）
日极端最低气温	−14.1 ℃	（1978 年）
日最大降水量	6.9 毫米	（2005 年）
日最大风速	14.7 米 / 秒	（1971 年）

【行业气象】

冻雨对供电的影响

冻雨是指过冷却水滴与物体碰撞后立即冻结的液态降水。气温较低的寒潮引发的冻雨天气会造成电线上积满雨凇，雨凇最大的危害是使供电线路中断。高压线钢塔在下雪天时，可能承受了自身重量 2～3 倍的重量，但是如果有雨凇的话，可能会承受自身重量 10～20 倍的电线重量。电线上出现雨凇时，遇冷收缩，加上风吹引起的震荡和雨凇重量的影响，可能使电线不胜重荷而被压断。若几千米甚至几十千米的电线杆成排倾倒，会造成输电、通信中断，严重影响当地的工农业生产。

2月16日	天 文 时 刻			
	天亮	06时39分	天黑	18时18分
	日出	07时08分	日没	17时51分

今日历史气候值		
日平均气温	−0.3℃	
日平均最高气温	4.6℃	
日平均最低气温	−4.4℃	
日极端最高气温	14.6℃	（1974年）
日极端最低气温	−12.3℃	（1978年）
日最大降水量	2毫米	（1987年）
日最大风速	18.0米/秒	（1979年）

【历史个例】

北京一次罕见的雨凇

雨凇是指过冷雨滴或毛毛雨落到地面物体上冻结成均匀而透明的冰层。这种天气北京很少见，但在1987年2月16—17日，北京出现了一次罕见的雨凇天气。雨凇厚度或直径2～3毫米，使道路、树枝、电线上都冻结了厚厚一层白色透明而又松脆的冰层。

由于道路积冰，路滑难行，给交通带来极大影响。据有关方面统计，16日和17日市长途汽车线路分别停运90条和180条，市内公共汽车基本无正常。16日首都机场取消了70个航班，4000游客滞留机场。同日，北京铁路局有18列客车晚点。两日内交通事故明显增加，骑车摔伤人数剧增，门头沟因路滑引起汽车相撞和撞树事故各一起。仅积水潭医院两日内就接诊摔伤病人448名，其中169人造成骨折。由于雨凇影响，16日有5条供电线路损坏，造成了一定的经济损失。

2 月 17 日	—————— 天 文 时 刻 ——————			
	天亮	06 时 38 分	天黑	18 时 19 分
	日出	07 时 07 分	日没	17 时 52 分

今日历史气候值		
日平均气温	−0.1℃	
日平均最高气温	4.6℃	
日平均最低气温	−4.2℃	
日极端最高气温	15.2℃	（1974 年）
日极端最低气温	−11.9℃	（1977 年）
日最大降水量	5.5 毫米	（1986 年）
日最大风速	15 米／秒	（1973 年）

【气象知识】

大气环流

　　大气环流是大范围的大气层具有一定稳定性的各种气流运行的综合现象，其中包括平均现象也包括瞬时现象。流场的水平尺度达数千千米，垂直尺度达十余千米，时间尺度一般在数天以上。主要表现形式为：全球规模的东西风带、三圈环流、常定分布的平均槽脊、行星尺度的高空急流、西风带中的大型扰动等。大气环流的成因是太阳辐射能在地球上的非均匀分布，它构成了全球大气运行的基本形势，是全球气候特征和大范围天气形势的主导因素，也是各种尺度天气系统活动的背景。控制大气环流的基本因素包括太阳辐射能及其高能粒子周期性和非周期性的振动、地球表面的摩擦作用、海陆分布和大地形的影响等外界因素，以及大气本身的可压缩性、连续性、流动性和大气水平尺度与垂直分布的特征等内部因素。

2月18日	天 文 时 刻			
	天亮	06 时 37 分	天黑	18 时 21 分
	日出	.07 时 05 分	日没	17 时 53 分

今日历史气候值		
日平均气温	−0.3℃	
日平均最高气温	5.0℃	
日平均最低气温	−4.8℃	
日极端最高气温	14.4℃	（1979 年）
日极端最低气温	−13.0℃	（1983 年）
日最大降水量	9.7 毫米	（1990 年）
日最大风速	15.0 米 / 秒	（1972 年）

【气候】

雨 水

每年 2 月 19 日前后，太阳到达黄经 330°时，为雨水节气。据《月令七十二候集解》载："正月中，天一生水。春始属木，然生木者必水也，故立春后继之雨水。"这时，冬去春来，气温开始回升，湿度逐渐增大，加上冷空气活动频繁，江南一带，雨日与雨量均有明显增加，雨水节气算得上名副其实了。

有关雨水的天气谚语中有根据雨雪来预测后期天气的，如"雨水有雨百阴""雨水落了雨，阴阴沉沉到谷雨"。有根据冷暖来预测后期天气的，如"冷雨水，暖惊蛰""暖雨水，冷惊蛰"。还有根据风来预测后期天气的，如"雨水东风起，伏天必有雨"。

雨水节气到来以后，天气转暖。

2 月 19 日	———————— 天 文 时 刻 ————————			
	天亮	06 时 35 分	天黑	18 时 22 分
	日出	07 时 04 分	日没	17 时 55 分

今日历史气候值		
日平均气温	0.6℃	
日平均最高气温	6.3℃	
日平均最低气温	−4.2℃	
日极端最高气温	14.5℃	（1997 年）
日极端最低气温	−9.9℃	（1972 年）
日最大降水量	20.2 毫米	（1998 年）
日最大风速	15.0 米 / 秒	（1974 年）

【气象知识】

大气中的水

大气主要是由氧气和氮气组成，其中最值得注意的是水汽。

从气象学的角度说，水是地球大气当中最重要的组成部分，直到高空 12 ～ 14 千米都可以发现水汽。水汽含量在某些山脉和沙漠的上空接近于零，在海洋的上空达 4%，其他地区在 0 ～ 4% 之间变动。如果大气中的水汽全部凝结为液态水，它就会在整个地球表面上造成 2.54 厘米的降水量。

水以三种形式存在于大气中，分别是肉眼看不见的气态水汽，液态的水微滴和固态的冰晶。后面两种形态当中，包括肉眼看得见的降水——雨、雹、冻雨和雪。

地球大气的最底层是对流层，它容纳了大气中几乎全部的水汽。地球上的各种天气也发生在这一层次。

2 月 20 日	----------- 天 文 时 刻 -----------			
	天亮	06 时 34 分	天黑	18 时 23 分
	日出	07 时 02 分	日没	17 时 56 分

今日历史气候值		
日平均气温	1.0℃	
日平均最高气温	6.2℃	
日平均最低气温	−3.7℃	
日极端最高气温	14.4℃	（2007 年）
日极端最低气温	−12.5℃	（1985 年）
日最大降水量	5.0 毫米	（1998 年）
日最大风速	15.3 米 / 秒	（1977 年）

【气象与农事】

气象与农事（2月）

本月黄瓜、番茄、大椒、茄子处于育苗、定植期，主要农业气象灾害有低温、寡照、大风、雪灾，应针对不同灾害，采取各种措施。例如：针对低温应增加塑料薄膜的密闭性，减少缝隙放热，要通过加盖棉被、草苫等覆盖物来减少热量损失，为防止室内出现过低温度，必要时可以加温；针对寡照应保持棚膜洁净，张挂反光幕，加强室内光照，每天增加光照时间；针对大风应提前加固相关附属设备；针对雪灾应及时清扫草苫积雪或覆盖一层旧的温室膜以保护草苫不被降雪浸湿，增强保温效果，室温较低不适合作物生长发育时可采取临时加温措施。

2月21日	------------ 天 文 时 刻 ------------			
	天亮	06 时 32 分	天黑	18 时 24 分
	日出	07 时 01 分	日没	17 时 57 分

今日历史气候值		
日平均气温	1.1 ℃	
日平均最高气温	6.7 ℃	
日平均最低气温	−3.7 ℃	
日极端最高气温	15.5 ℃	（2002 年）
日极端最低气温	−11.9 ℃	（1977 年）
日最大降水量	8.7 毫米	（2004 年）
日最大风速	13.7 米 / 秒	（1975 年）

【气象知识】

冷极在何方

世界最低的气温是在南极记录到的。1983 年 7 月，苏联科学家曾测得 −89.2 ℃这一创纪录的低温。

南极洲终年覆盖着厚厚的冰层，是世界最冷的地方。1957 年 5 月 11 日，南极洲的阿蒙森–斯科特观测站，测得 −73.6 ℃的低温，超过了西伯利亚奥伊米亚康保持了 20 年之久的"世界寒极"纪录。同年 9 月 17 日，该站又测得 −74.5 ℃的低温。1958 年 5 月 1 日，距南极点 1300 千米的苏联东方站测得 −76 ℃的低温。1983 年 7 月 21 日该站又测得 −89.2 ℃的低温。

如果以年平均气温来说，北半球的冷极在格陵兰岛的埃斯密脱，年平均气温为 −32.5 ℃，埃斯密脱和东方站都在极圈内，都位于海拔 300 米左右的高原上，冬夜漫长，气温急剧降低，夏天虽有几十天极昼，但太阳斜射，光热微弱冻雪难以消融，一直保持了很低的气温。

2月22日	—————— 天文时刻 ——————			
	天亮	06 时 31 分	天黑	18 时 25 分
	日出	07 时 00 分	日没	17 时 58 分

今日历史气候值		
日平均气温	1.5℃	
日平均最高气温	6.6℃	
日平均最低气温	−3.0℃	
日极端最高气温	13.1℃	（1999 年）
日极端最低气温	−27.4℃	（1966 年）
日最大降水量	10.2 毫米	（1979 年）
日最大风速	16.0 米 / 秒	（1974 年）

【历史个例】

北京最冷的日子

1966 年 2 月 22 日和 23 日，是北京有资料以来最冷的日子。当时北京市的 14 个气象台站中有 8 个台站在这两日创历史纪录中最低温度值，9 个台站最低温度低于 −20 ℃。22 日观象台最低气温为 −27.4 ℃，是观象台 1915 年以来记录中最低值。各台站观测值是：

观象台 −27.4 ℃（22 日）；朝阳 −21.2 ℃（23 日）；

通　州 −21.0 ℃（23 日）；昌平 −17.6 ℃（23 日）；

丰　台 −21.7 ℃（22 日）；大兴 −27.4 ℃（22 日）；

房　山 −20.0 ℃（22 日）；平谷 −26.6 ℃（22 日）；

延　庆 −21.5 ℃（22 日）；密云 −18.0 ℃（22 日）；

古北口 −17.3 ℃（22 日）；怀柔 −14.5 ℃（23 日）；

门头沟 −22.9 ℃（22 日）；顺义 −18.8 ℃（22 日）。

2 月 23 日	----------- 天 文 时 刻 -----------			
	天亮	06 时 30 分	天黑	18 时 26 分
	日出	06 时 58 分	日没	17 时 59 分

今日历史气候值		
日平均气温	1.3 ℃	
日平均最高气温	6.3 ℃	
日平均最低气温	–3.0 ℃	
日极端最高气温	17.0 ℃	（1977 年）
日极端最低气温	–12.1 ℃	（1991 年）
日最大降水量	11.5 毫米	（1979 年）
日最大风速	13.7 米 / 秒	（1985 年）

【气象知识】

我国气温极值

1 月平均气温最低值在黑龙江的漠河，为 –30.6 ℃。

1 月平均气温最高值在南海的西沙，为 22.8 ℃。

7 月平均气温最低值在青海的五道梁，为 5.4 ℃。

7 月平均气温最高值在新疆的吐鲁番，为 32.7 ℃。

气温年较差最大值在黑龙江的嘉荫，为 49.4 ℃。

气温年较差最小值在南海的西沙，为 5.7 ℃。

极端最高气温在新疆的吐鲁番，为 49.6 ℃（1975 年 7 月 13 日）。

极端最低气温在黑龙江的漠河，为 –52.3 ℃（1969 年 2 月 13 日）。

最高气温 ≥ 35 ℃的炎热日数，吐鲁番最多，为 98.4 天。

最高气温 ≥ 40 ℃日数，吐鲁番最多，为 38.3 天。

最低气温 ≤ 0 ℃的日数，五道梁最多，为 328.6 天。

最低气温 ≤ –40 ℃的严寒日数，内蒙古根河最多，平均每年 26.9 天。

2月24日	天 文 时 刻			
	天亮	06时28分	天黑	18时27分
	日出	06时57分	日没	18时00分

今日历史气候值		
日平均气温	1.3℃	
日平均最高气温	6.4℃	
日平均最低气温	−3.5℃	
日极端最高气温	17.4℃	（1977年）
日极端最低气温	−10.9℃	（1985年）
日最大降水量	0.1毫米	（2005年）
日最大风速	14.3米/秒	（1974年）

【历史个例】

同一日期里的两场大雪

1959年2月24日，北京下了一场大雪，观象台降水量为31.1毫米，积雪深度达到了24厘米，这是北京市1951年以来最大降雪过程。这次过程是内蒙古南下的冷涡与北京的低空偏东气流结合造成的。这次大雪对北京交通影响很大。

有趣的是整整20年后的同一天，1979年2月24日，北京市又下了一场大雪，过程降水量为21.7毫米。

2 月 25 日	--------------- 天 文 时 刻 ---------------			
	天亮	06 时 27 分	天黑	18 时 28 分
	日出	06 时 55 分	日没	18 时 01 分

今日历史气候值		
日平均气温	1.5℃	
日平均最高气温	6.7℃	
日平均最低气温	−3.2℃	
日极端最高气温	15.8℃	（1992 年）
日极端最低气温	−11℃	（1981 年）
日最大降水量	6.6 毫米	（1972 年）
日最大风速	14.3 米/秒	（1977 年）

【气象知识】

大气辐射学

太阳辐射是大气运动的能源，辐射过程是地–气系统中能量交换的主要形式。大气辐射学是研究太阳辐射在地球大气内传输与转换过程的学科，是大气物理学的一个分支。它主要研究大气中辐射传输的基本规律和物理过程，以及地球大气系统的辐射能量收支问题。太阳的辐射能作为地球大气系统能量的主要来源，它从根本上决定了地球、大气热状态，从而成为制约大气运动和其他大气过程的能量，是产生各种大气物理、大气化学过程和天气现象的根本原因，也是气候形成的重要因子之一。大气辐射学是天气学、气候学、动力气象学、应用气象学和大气遥感等学科的理论基础之一。

2 月 26 日	——————— 天 文 时 刻 ———————			
	天亮	06 时 26 分	天黑	18 时 30 分
	日出	06 时 54 分	日没	18 时 02 分
今日历史气候值				
日平均气温	2.0℃			
日平均最高气温	7.3℃			
日平均最低气温	−3.0℃			
日极端最高气温	17.9℃		（1992 年）	
日极端最低气温	−14℃		（1981 年）	
日最大降水量	4.5 毫米		（2011 年）	
日最大风速	15 米 / 秒		（1972 年）	

【气象知识】

我国南北方的气候分界线

我国的地理学家们认为，长江与黄河之间的秦岭、淮河一线，是我国东部地区的南北方分界线。这条线的南北两侧，无论在气候、水文、土壤、植被以及农业生产，人民习俗等方面都有明显差异。从气候方面来看，它是我国亚热带和暖温带的分界线。其南侧属亚热带范围，最冷月平均气温不低于 0℃，且雨季较长，年平均降水量为 750～1300 毫米；以北属暖温带范围，冬冷夏热，四季分明，日平均气温低于 0℃的寒冷期普遍在 30 天以上，雨季较短，年降水量一般不超过 800 毫米。

从气候学角度看，我国南北方的分界线也并非一成不变的。我国的气候专家预测，由于全球性气候变暖，我国的南北方分界线也将由现在的秦岭、淮河一线，向黄河以北推进。

2 月 27 日	------------- 天 文 时 刻 ---------------			
	天亮	06 时 24 分	天黑	18 时 31 分
	日出	06 时 53 分	日没	18 时 04 分

今日历史气候值		
日平均气温	2.5℃	
日平均最高气温	7.4℃	
日平均最低气温	−2.0℃	
日极端最高气温	17.2℃	（1992 年）
日极端最低气温	−11.2℃	（1981 年）
日最大降水量	2.7 毫米	（2011 年）
日最大风速	15.3 米 / 秒	（1978 年）

【气象知识】

全球变化

全球变化是随着全球环境问题的出现和人类对其认识程度的不断深化而提出并发展起来的一门交叉学科，它的精髓是系统地球观，强调将地球的各个组成部分作为统一的整体来加以考察和研究，将大气圈、水圈、岩石圈和生物圈之间的相互作用和地球上物理的、化学的和生物的基本过程之间的相互作用，以及人类与地球之间的相互作用联系起来进行综合集成研究。它的诞生和迅速发展反映出现代科学发展的高度交叉与综合。全球变化的研究内容主要为以下方面：研究地球系统复杂和多重相互作用的机制，这是最主要的研究内容；分析地球系统各种尺度的变化规律和控制这些变化的主要因素；建立地球系统变化的预测理论及方法；提出全球资源和环境科学管理的建议。

2月28日	——————— 天 文 时 刻 ———————			
	天亮	06时23分	天黑	18时32分
	日出	06时51分	日没	18时05分

今日历史气候值		
日平均气温	2.7℃	
日平均最高气温	8.0℃	
日平均最低气温	−2.5℃	
日极端最高气温	16.2℃	（1992年）
日极端最低气温	−10℃	（1972年）
日最大降水量	3.9毫米	（1976年）
日最大风速	12.7米/秒	（1979年）

【气象知识】

厄尔尼诺

厄尔尼诺是一种海洋现象，一般指赤道太平洋冷水域中海温的异常增暖现象。当赤道东太平洋海表水温持续出现较大的正距平（高于平均值）时，即称为发生了厄尔尼诺事件，当赤道东太平洋海表水温持续出现较大负距平（低于平均值）时，则称为发生了反厄尔尼诺事件，又称为拉尼娜事件。

厄尔尼诺最早发生的地区一般是在赤道东太平洋，增暖开始的时间差异较大，最早可出现在1月，最晚可出现在9，10月份，一般的厄尔尼诺事件是在冬春形成，到年底发展最盛，翌年冬春增暖过程结束。1950—2014年，全球共发生过两次强厄尔尼诺事件，分别为1982—1983年以及1997—1998年，1997—1998年强厄尔尼诺事件至少造成2万人死亡，全球经济损失高达340多亿美元，期间全球许多国家都发生了严重的旱涝灾害，导致全球粮食减产20%左右。

2月29日	————————— 天 文 时 刻 —————————			
	天亮	06时22分	天黑	18时33分
	日出	06时50分	日没	18时06分

今日历史气候值		
日平均气温	0.4℃	
日平均最高气温	6.2℃	
日平均最低气温	−4.6℃	
日极端最高气温	18.5℃	（1944 年）
日极端最低气温	−13.8℃	（1936 年）
日最大降水量	0.0 毫米	（1932 年）
日最大风速	19.2 米／秒	（1968 年）

【气象知识】

历史上的盛世与气候变化

气候变化是制约和影响物种进化、生命起源和人类诞生的因素。我国科学家竺可桢对中国气候变迁做了全面的研究：我国五千年以来的气候有四个温暖期与四个寒冷期。第一次温暖期对应着象征中华文明发祥的"仰韶文化"时期。当时黄河流域冬无冰雪，终年温湿多雨，林木茂密，群象出没，人丁繁盛，农牧兴旺。在这两千多年温暖适宜的气候期中，中国由原始社会进入了奴隶社会。

另外三次温暖期对应的西汉、唐和元代，也都是历史上以经济繁荣、国泰民丰、风调雨顺而著称的朝代。

封建社会中，农业在很大程度上是靠天吃饭，而农业又是封建社会经济的支柱，农业生产的丰歉直接影响社会经济的兴衰。因此，气候自然就成为封建社会农业生产和社会经济活动最重要的制约因素之一，但是历史上也并非温暖期必定带来国家和地区的繁荣。

气象北京365 —————————— **3月份**

3月1日	—————— 天 文 时 刻 ——————			
	天亮	06时21分	天黑	18时33分
	日出	06时49分	日没	18时07分

今日历史气候值		
日平均气温	2.9℃	
日平均最高气温	8.1℃	
日平均最低气温	−1.9℃	
日极端最高气温	14.4℃	（2001年）
日极端最低气温	−8.3℃	（1986年）
日最大降水量	3.1毫米	（2010年）
日最大风速	12.7米/秒	（1972年）

【气候】

北京3月气候概况

北京3月，天气逐渐变暖，蛰虫相继出洞，草木吐芽。由于降水稀少，气候仍很干燥。

本月气温通常在 −1～11.2℃ 之间，月平均气温为6.7℃。历史上，3月份最低气温曾下降到 −15℃（1971年3月3日），最高气温达29.5℃（2009年3月18日）。

月平均降水量只有9.9毫米，降水日数为4天左右。

本月开始盛行偏南风。由于气候干燥、土壤解冻，风沙天气开始增加。月平均大风日数为3.6天，扬沙天气为3.3天。

3月2日	─────── 天 文 时 刻 ───────			
	天亮	06 时 19 分	天黑	18 时 34 分
	日出	06 时 47 分	日没	18 时 08 分

今日历史气候值		
日平均气温	3.5 ℃	
日平均最高气温	8.8 ℃	
日平均最低气温	−1.2 ℃	
日极端最高气温	15.1 ℃	（1986 年）
日极端最低气温	−8.6 ℃	（1971 年）
日最大降水量	13.1 毫米	（1971 年）
日最大风速	11.0 米 / 秒	（1972 年）

【气象与生活】

话"春捂"

"春捂"是我国民间的一条保健语，从气象学的观点进行分析，是具有一定科学道理的。

春季是个过渡季节，在春季，白天的温度升高较快，但早、晚温度还比较低，这就是气象术语所说的"气温日较差大"。另外，室内的温度具有一定的保守性，春季是回暖期，室内的温度回暖速度不如室外，所以，虽然春季在室外很热，进入室内就比较凉了。因此，如果春季不捂，遇热就脱掉棉衣，就有可能不完全适应早、晚和室内的温度。所以，不要过早地脱掉棉衣，应多捂些时候，这对春季养生保健有利。

还有，春季冷空气活动还比较频繁，有时还很强，时冷时热是春季的气候特点，为适应频繁的冷暖变化与较强的风力，春季的衣着应以保暖为宜。

3月3日	——————— 天 文 时 刻 ———————		
	天亮	06 时 18 分	天黑	18 时 35 分
	日出	06 时 46 分	日没	18 时 09 分

今日历史气候值	
日平均气温	3.9 ℃
日平均最高气温	9.6 ℃
日平均最低气温	−1.2 ℃
日极端最高气温	16.6 ℃	（1999 年）
日极端最低气温	−15.0 ℃	（1971 年）
日最大降水量	9.0 毫米	（2007 年）
日最大风速	15.3 米 / 秒	（1977 年）

【气象知识】

划分四季的几种方法

目前我国划分四季常用的方法有三种，即按月划分、按温度划分和按物候划分。

习惯上，把3—5月定为春季，6—8月为夏季，9—11月为秋季，12月到来年的2月为冬季，显然这种方法不够客观，但使用起来比较方便。

气候学上一般按候（5天）平均气温来划分季节，候平均气温大于22℃为夏季，候平均气温小于10℃为冬季，10℃与22℃之间为春季和秋季。

按物候划分方法还把每个季度划分为几个阶段，即春季划分为初春、仲春、季春；夏季划分为初夏、仲夏、季夏；秋季划分为初秋、仲秋、季秋；冬季划分为初冬和隆冬。每个阶段都有相应的物候反映，例如北京的春季以迎春花盛开开始，槐树花盛开则是夏季来了。

3月4日	——————— 天文时刻 ———————			
	天亮	06时16分	天黑	18时36分
	日出	06时44分	日没	18时10分

今日历史气候值		
日平均气温	4.3℃	
日平均最高气温	9.8℃	
日平均最低气温	−0.9℃	
日极端最高气温	19.7℃	（1986年）
日极端最低气温	−11.4℃	（1971年）
日最大降水量	26.6毫米	（2007年）
日最大风速	12.0米/秒	（1973年）

【气象知识】

春眠何以不觉晓

春天本是万物生长、充满生机的季节，人们却会出现"不觉晓"的现象。

人们的生理活动是与外界有关联的。冬天，人受到寒冷的刺激，皮肤毛细血管处于"收缩"状态，血流量减少，皮肤就像一堵挡风墙，抵御着寒冷，减少热量散发，维持体温在37℃左右。由于体表血管收缩，使肝脏血流量增大，大脑的血液供应和氧气供应相对增加，这样，在冬季里，大脑逐渐养成了在高氧情况下工作的娇气。

春天，由于天气变暖，空气变得湿润，使得皮肤血管和毛孔渐渐扩张，血流量增大，由于流往体表的血量增多，供给大脑的血量相对减少，同时，春天使大脑皮质的兴奋性提高，人体新陈代谢增加，耗氧量加大，脑的供氧量就显得不足了，而大脑在冬天对充足供氧有依赖性一下子扭转不过来，导致人感到困倦思睡，全身疲乏无力。因此，就会出现"春眠不觉晓"的现象。

3月5日	――――――― 天文时刻 ―――――――			
	天亮	06时15分	天黑	18时37分
	日出	06时43分	日没	18时11分

今日历史气候值		
日平均气温	4.3℃	
日平均最高气温	9.7℃	
日平均最低气温	−0.8℃	
日极端最高气温	16.3℃	（2006年）
日极端最低气温	−8.9℃	（1985年）
日最大降水量	1.2毫米	（2009年）
日最大风速	11米/秒	（1985年）

【气候】

惊 蛰

每年3月6日前后，为惊蛰节气。惊蛰是指蛰伏在泥土里的冬眠生物开始出土活动。据《月令七十二候集解》载，"万物出乎震，震为雷，故曰惊蛰。"似乎冬眠动物的苏醒全是雷震的缘故。实际上，这时太阳已移达黄经345°，是天气逐渐转暖所致。

惊蛰雷鸣最引人注意。如"未过惊蛰先打雷，四十九天云不开。"惊蛰节气正处乍寒乍暖之际，根据冷暖预测后期天气的谚语有"冷惊蛰，暖春分"等。惊蛰节气的风也有用来作预测后期天气的依据，如"惊蛰刮北风，从头另过冬""惊蛰吹南风，秧苗迟下种"。

3月6日	──────── 天 文 时 刻 ────────			
	天亮	06 时 14 分	天黑	18 时 38 分
	日出	06 时 41 分	日没	18 时 12 分

今日历史气候值		
日平均气温	4.1℃	
日平均最高气温	9.8℃	
日平均最低气温	−1.2℃	
日极端最高气温	18.5℃	（1995 年）
日极端最低气温	−10.4℃	（1985 年）
日最大降水量	0.9 毫米	（2003 年）
日最大风速	11.4 米 / 秒	（2001 年）

【灾害与防御】

沙尘（暴）预警信号

强风将本地或外地地面尘沙吹到空中使水平能见度大于 1 千米小于 10 千米的天气现象称为扬沙，使水平能见度小于 1 千米时称为沙尘暴，当水平能见度小于 500 米时称为强沙尘暴，当水平能见度小于 50 米时称为特强沙尘暴。本地风力较小时受外来的沙尘影响使能见度小于 10 千米时称为浮尘。

沙尘（暴）预警信号分四级，分别以蓝色、黄色、橙色、红色表示。

沙尘蓝色预警信号划分标准：12 小时可能出现扬沙或浮尘天气，或者已经出现扬沙或浮尘天气并可能持续。

沙尘暴黄色预警信号划分标准：12 小时可能出现沙尘暴天气，能见度小于 1000 米；或者已经出现沙尘暴天气并可能持续。

沙尘暴橙色预警信号划分标准：6 小时可能出现强沙尘暴天气，能见度小于 500 米；或者已经出现强沙尘暴天气并可能持续。

沙尘暴红色预警信号划分标准：6 小时可能出现特强沙尘暴天气，能见度小于 50 米；或者已经出现特强沙尘暴天气并可能持续。

3月7日	天 文 时 刻			
	天亮	06时12分	天黑	18时39分
	日出	06时40分	日没	18时13分

今日历史气候值		
日平均气温	4.2℃	
日平均最高气温	10.0℃	
日平均最低气温	−1.4℃	
日极端最高气温	18.9℃	（1995年）
日极端最低气温	−7.2℃	（1971年）
日最大降水量	0.6毫米	（1971年）
日最大风速	11.4米/秒	（1996年）

【灾害与防御】

沙尘暴防御指南

尽量减少外出，老人、儿童及患有呼吸道过敏性疾病的人群不要到室外活动；人员外出时可佩戴口罩、纱巾等防尘用品，外出归来应清洗面部和鼻腔；户外人员应当戴好口罩、纱巾等防沙尘用品。

关好门窗，加固围板、棚架、广告牌等易被风吹动的搭建物，妥善安置易受大风影响的室外物品，遮盖建筑物资，做好精密仪器的密封工作。

驾驶人员要密切关注路况，减速慢行，谨慎驾驶；飞机暂停起降，火车暂停运行，高速公路暂时封闭。

停止露天集会、体育活动和高空、水上等户外生产作业和游乐活动。

3月8日	天 文 时 刻			
	天亮	06 时 11 分	天黑	18 时 40 分
	日出	06 时 38 分	日没	18 时 14 分

今日历史气候值		
日平均气温	4.1℃	
日平均最高气温	9.6℃	
日平均最低气温	−0.9℃	
日极端最高气温	17.7℃	（2009 年）
日极端最低气温	−6.2℃	（1971 年）
日最大降水量	5.6 毫米	（1980 年）
日最大风速	15.7 米 / 秒	（1977 年）

【气象知识】

倒春寒

倒春寒对于农业生产是一种灾害性天气，是春季气温回升后遇较强冷空气入侵而出现的持续低温阴雨天气。一般冬春过渡季节，气温逐渐上升，但有的年份，冬末比较温暖，入春后，常因较强的冷空气袭击导致气温剧降，明显低于常年同期平均值，这种前暖后冷的天气称为"倒春寒"。它不常出现，一旦出现，将危害农业生产。南方的早稻、棉花等喜温作物播种和幼苗生长期间，如遇此天气，容易造成烂种、烂秧和死苗现象。对于北方，主要是影响冬小麦生长发育，冬末或早春气温较高，小麦提早返青，如遇气温短时间内剧烈下降，将造成小麦冻害。

3月9日	天 文 时 刻			
	天亮	06时09分	天黑	18时42分
	日出	06时37分	日没	18时15分

今日历史气候值		
日平均气温	4.8℃	
日平均最高气温	10.7℃	
日平均最低气温	−1.1℃	
日极端最高气温	18.2℃	（2002年）
日极端最低气温	−8.8℃	（1985年）
日最大降水量	6.8毫米	（1978年）
日最大风速	18.0米/秒	（1978年）

【气象知识】

大 风

中国气象观测业务规定，瞬时风速达到或超过17米/秒（或目测估计风力达到或超过8级）的风为大风。有大风出现的一天称为大风日。

大风是一种灾害性天气，会毁坏地面设施和建筑物；海上的大风则影响航海、海上施工和捕捞等作业。

产生大风的天气系统很多，如冷锋、雷暴、飑线和气旋等。热带风暴的大风出现在涡旋的强气压梯度区内，呈逆时针旋转；冷锋大风位于锋面过境之后；雷暴和飑线的大风则发生在它们过境时。地形的狭管效应可以使风速增大，使某些地区成为大风多发区，如新疆北部的阿拉山口、台湾海峡等地区。

3 月 10 日	----------------- 天 文 时 刻 -----------------			
	天亮	06 时 08 分	天黑	18 时 43 分
	日出	06 时 35 分	日没	18 时 16 分

今日历史气候值		
日平均气温	5.4℃	
日平均最高气温	11.6℃	
日平均最低气温	−0.6℃	
日极端最高气温	22.3℃	（2008 年）
日极端最低气温	−6.9℃	（1985 年）
日最大降水量	1.3 毫米	（1980 年）
日最大风速	18.0 米 / 秒	（1974 年）

【气象知识】

风后天空的蓝与黄

在一般情况下，风后大气透明度好，天空呈蓝色，但有时风后天空却呈黄色，这是为什么呢？这种天气在气象学上称作"浮尘"。其原因是上游黄土高原冬季少雨雪、土地干涸，当冷空气经过时由于风速大，把黄土吹起，使尘粒飘浮于空中，并顺高空西北气流向下游飘移，当黄土移到北京上空时，天空便呈现黄色。浮尘天气一般多发生在初春季节，因为一到春季，土地开始解冻，地面又无植被覆盖，尘土最易被风刮起。

3月11日	———————— 天 文 时 刻 ————————			
	天亮	06 时 06 分	天黑	18 时 44 分
	日出	06 时 34 分	日没	18 时 17 分

今日历史气候值		
日平均气温	5.6℃	
日平均最高气温	11.7℃	
日平均最低气温	0.4℃	
日极端最高气温	22.1℃	（2002 年）
日极端最低气温	−8.6℃	（1974 年）
日最大降水量	2.4 毫米	（2003 年）
日最大风速	15.7 米 / 秒	（1978 年）

【行业气象】

风能及风能预报

风能是一种典型的气象能源，也是一种可再生的清洁能源。但是，风本身具有独特的"气象属性"，风电发展目前面临的瓶颈之一是由气象条件的不稳定所造成的，主要表现为风的间歇性、波动性、区域性以及灾害性天气的突发性。

由于风力分布不均，间歇性、随机性大，由此带来的并网发电问题也应运而生，风电场接入电网使电力运行系统的不确定性因素增多。而对风电场风电功率进行预报，可有效减轻风电对电网的影响，提高风能资源的利用效率和风电场运行效益，从而促进风电产业的健康发展。

气象部门可以通过将先进的气象探测、数值预报、集合预报等技术应用于风能预报业务中，不断提高预报精度和准确率，从而提高风电预报服务的能力和水平。

3 月 12 日	--------------- 天 文 时 刻 ---------------			
	天亮	06 时 05 分	天黑	18 时 45 分
	日出	06 时 33 分	日没	18 时 18 分

今日历史气候值		
日平均气温	6.1℃	
日平均最高气温	11.8℃	
日平均最低气温	0.3℃	
日极端最高气温	20.6℃	（1989 年）
日极端最低气温	−8.6℃	（1974 年）
日最大降水量	1.9 毫米	（1997 年）
日最大风速	12.0 米 / 秒	（1971 年）

【气象知识】

风向、风速、风力是怎么回事

我们所说的风向，是指风吹来的方向，也就是说，北风是从北方吹来的风，而向北吹的风是南风。在气象上，风向用 16 个方位来表示，如北风、西北风、西西北风等。

风速是指空气流动的快慢程度。一般用单位时间内空气所经过的距离来表示，单位是米 / 秒。在我们日常生活中常说的"风力"和风速又不大一样了。风力是指风吹到物体上所表现的力量大小，一般根据风吹到地面或海面的物体上所产生的各种现象来分级，气象上用蒲福风级来表示。当然，风力与风速之间也存着正相关关系，风力大，风速就大。在数值上，同样也相互对应，比如，风力为 8 级时，对应的风速为 17.2 ～ 20.7 米 / 秒。

3 月 13 日	---------------- 天 文 时 刻 ----------------			
	天亮	06 时 03 分	天黑	18 时 46 分
	日出	06 时 31 分	日没	18 时 19 分

今日历史气候值		
日平均气温	6.2℃	
日平均最高气温	11.5℃	
日平均最低气温	1.2℃	
日极端最高气温	18.9℃	（2011 年）
日极端最低气温	−7.9℃	（1971 年）
日最大降水量	5.0 毫米	（1997 年）
日最大风速	16.7 米 / 秒	（1977 年）

【气象知识】

最早的风力等级表

1806 年英国海军元帅蒲福(1774—1857 年)，为了大体测定各种风力，拟订了风力等级表，被称为蒲福风级表。该表将风力分为 0～12 级，最高级标为飓风，即风速在 118 千米 / 小时以上。1946 年，经国际协议，在蒲福风级表基础上又把风力等级扩大至 17 级，但扩大的这几级统用飓风一名。目前，我国使用的风力等级表已扩充为 0～18 级。其实，世界上最早给风力定级的人，并不是英国人蒲福，而是我国唐代杰出的学者李淳风(602—670 年)。在他的名著《乙巳占》中，将风力定为动叶、鸣条、摇枝、坠叶、折小枝、折大枝、折木飞沙石、拔大树及根 8 个等级，并把风向由原来的 8 个方位发展到 24 个方位，比蒲福风级的产生早1100 多年，可以说是世界上出现最早的风力等级。

3 月 14 日	天 文 时 刻			
	天亮	06 时 01 分	天黑	18 时 47 分
	日出	06 时 30 分	日没	18 时 20 分

今日历史气候值		
日平均气温	6.7℃	
日平均最高气温	11.7℃	
日平均最低气温	2.1℃	
日极端最高气温	21.0℃	（2002 年）
日极端最低气温	−5.5℃	（1971 年）
日最大降水量	8.2 毫米	（2010 年）
日最大风速	15.7 米 / 秒	（1977 年）

【气象知识】

最早的风向计

中国西汉时期（公元前 202 年—公元 8 年），在长安宫的灵台（观象台）上，已设有遇风乃动的相风铜乌，它是在地上立一根五丈高的长节，竿尖装只可以随风转动的灵巧铜鸟，以测定风向，这可以说是世界最早的风向计。东汉科学家张衡(78—139 年) 在此基础上制成了候风仪，其基本构造还是一只随风转动的铜鸟，比欧洲的"风信鸡"早 1000 多年。

3月15日	——————— 天 文 时 刻 ———————			
	天亮	05 时 59 分	天黑	18 时 48 分
	日出	06 时 28 分	日没	18 时 21 分

今日历史气候值		
日平均气温	6.7℃	
日平均最高气温	11.9℃	
日平均最低气温	1.3℃	
日极端最高气温	20.2℃	（2002 年）
日极端最低气温	−4℃	（1985 年）
日最大降水量	7.5 毫米	（2000 年）
日最大风速	11.3 米 / 秒	（1984 年）

【气象知识】

北京的地方性风

北京的气候属于典型的温带季风性气候，冬季受蒙古干冷气流控制，以偏北风为主，夏季受东南海洋暖湿气流控制，以偏南风为主。

北京年平均风速 2.5 米 / 秒左右，春季最大，平均 3.5 ～ 4.0 米 / 秒，冬季次之。夏、秋最小，平均 2 米 / 秒左右，山区风速较大。

由于北京受三面环山地形的影响，一日中风向呈明显的山谷风变化，白天多南风，夜间多北风。风速以午夜至日出前最小，多静风，日出后，风速逐渐加大，午后 15—16 时最大。

3 月 16 日	--------------- 天 文 时 刻 ---------------			
	天亮	05 时 57 分	天黑	18 时 49 分
	日出	06 时 26 分	日没	18 时 22 分
今日历史气候值				
日平均气温	6.6℃			
日平均最高气温	12.4℃			
日平均最低气温	1.2℃			
日极端最高气温	22.6℃	（2006 年）		
日极端最低气温	−4.9℃	（1971 年）		
日最大降水量	7.6 毫米	（2003 年）		
日最大风速	13.3 米 / 秒	（1979 年）		

【气象知识】

我国的特大陆风区

"一川碎石大如斗，随风满地石乱走"，这是描写我国新疆维吾尔自治区达坂城附近的大风现象，这里自古以来就被称为"百里风区"和"三十里风区"，它是我国也是世界上著名的特大陆风区。这里经常刮着呼啸的狂风，全年有百天左右风力达 8 级以上（风速大于或等于 17.2 米 / 秒），12 级以上（风速大于或等于 32.7 米 / 秒）的大风也不少见。这种风不只可吹倒房屋和人畜，最大时还能吹断钢筋水泥电杆，吹翻汽车甚至火车，其破坏力之大，令人吃惊，在 2007 年的一次大风灾害中，乌鲁木齐开往阿克苏的 5807 次旅客列车因大风脱轨，导致 3 名旅客死亡，2 名旅客重伤，32 名旅客轻伤，南疆线被迫中断行车。

3月17日	——————— 天 文 时 刻 ———————			
	天亮	05时56分	天黑	18时50分
	日出	06时24分	日没	18时23分
今日历史气候值				
日平均气温	7.0℃			
日平均最高气温	13.2℃			
日平均最低气温	1.2℃			
日极端最高气温	22.4℃	（2009年）		
日极端最低气温	−4.2℃	（1995年）		
日最大降水量	3.5毫米	（1977年）		
日最大风速	17.3米/秒	（1976年）		

【气象知识】

历史上少数民族南迁与气候的关系

在我国历史上，北方游牧民族与汉族之间时有纠纷与战乱发生，有趣的是，这些战乱与出现在公元前的四次寒冷时期及北方游牧民族的几次南下中原战事在时间上发生了奇特的吻合。

第一次寒冷期对应西周后期的"南夷与北狄交"。这场持续多年的部落混战，为了争夺黄河中下游及长江中下游这块富庶之地；第二次寒冷期对应"五胡乱华"，其后果是十六国南北朝的长期割据；第三次寒期对应金人侵入华北，并迫使南宋王朝迁都杭州；第四次寒期则对应满清入关。

如果一个地方年平均气温降低1℃，就等于这个地方向较冷的高纬方向推移了200～300千米，这就是说，在寒冷期内我国最佳的宜农宜牧区的分界已由原来长城为线推到了黄河以南，这与游牧民族南下的范围大体吻合。当然，二者之间是否有某种联系，还有待研究。

3 月 18 日	------------- 天 文 时 刻 ------------			
	天亮	05 时 54 分	天黑	18 时 51 分
	日出	06 时 22 分	日没	18 时 24 分

今日历史气候值		
日平均气温	7.7℃	
日平均最高气温	13.5℃	
日平均最低气温	2.1℃	
日极端最高气温	29.5℃	（2009 年）
日极端最低气温	−4℃	（1976 年）
日最大降水量	8.6 毫米	（2012 年）
日最大风速	12.7 米 / 秒	（1976 年）

【气象知识】

最著名的季风区

季风一词，出自阿拉伯语 Mawsim，原义是季节。一般指大范围地区的盛行风随季节而改变的现象。东南亚是最突出的季风地区，夏季时，由海洋向大陆吹的西南季风，发源于南印度洋上，温暖而又饱含水汽。所经之处带来丰沛的雨水。有山脉阻挡的地方，如印度西部、缅甸的山坡、喜马拉雅山东部、阿萨姆丘陵、恒河三角洲和伊洛尼底江三角洲等地，雨水就更多。乞拉朋齐在阿萨姆丘陵的南山坡上，降雨量居世界第二位。夏季季风大约从 4 月延续到 9 月。秋季，东北季风随着西南季风的退却，开始向南推进。这种季风在中国华北地区盛行西北风，在华中是北风。冬季季风大致从 10 月延续到次年 3 月。

3月19日	天文时刻			
	天亮	05时53分	天黑	18时52分
	日出	06时20分	日没	18时25分

今日历史气候值		
日平均气温	7.4℃	
日平均最高气温	12.7℃	
日平均最低气温	2.4℃	
日极端最高气温	24.1℃	（2009年）
日极端最低气温	−5.2℃	（1976年）
日最大降水量	3.2毫米	（2007年）
日最大风速	16.7米/秒	（1972年）

【气象知识】

你知道海陆风吗

在海边，经常能感到白天风是从海面吹向陆地，而到了夜里，则是从陆地吹向海面，风的这种日变化被称作海陆风，它是由于陆地和海洋温度差异引起的。

白天，太阳使陆地和海水都变热，但是陆地比海水热得快。因此，陆地上的空气比海上的空气热，陆地上方较暖较轻的空气上升，而水面上的较冷且较重的空气就流向陆地补充。这种从海洋流向陆地的空气形成海风。

到了夜里，陆地和海面都冷下来了，但陆地降温速度比海水快，这时海面的温度比陆地高，海面上较暖较轻的空气上升，陆地上方较冷较重的空气就补充流向海面。这种从陆地流向海洋的空气形成陆风。

夏季日照强烈，海陆风比较显著。

3 月 20 日	------------- 天 文 时 刻 -------------			
	天亮	05 时 51 分	天黑	18 时 53 分
	日出	06 时 19 分	日没	18 时 26 分

今日历史气候值		
日平均气温	7.2 ℃	
日平均最高气温	12.5 ℃	
日平均最低气温	2.3 ℃	
日极端最高气温	24.4 ℃	（2001 年）
日极端最低气温	−4.7 ℃	（1976 年）
日最大降水量	20.3 毫米	（2003 年）
日最大风速	17.7 米 / 秒	（1984 年）

【气象与农事】

气象与农事（3 月）

本月是小麦返青起身期，主要农业气象灾害包括早春低温，具体指标是 3 月的气温负距平，返青起身期内（正常年份：3 月 8 日至 4 月初）日最低气温在 −5 ℃以下，会使返青推迟、分蘖成穗率低。另外，倒春寒还会导致叶片萎蔫、甚至死苗。针对早春低温，若麦田墒情好，返青期遇到冷害，应适当推迟返青水，有利提高地温，促进麦苗早发早长，用机播化肥的方法增施磷肥，促进根系发育；针对倒春寒应加强返青肥水管理，喷施叶面肥，减轻倒春寒对麦苗的影响。

3 月 21 日	———————— 天 文 时 刻 ————————			
	天亮	05 时 50 分	天黑	18 时 54 分
	日出	06 时 17 分	日没	18 时 27 分

今日历史气候值		
日平均气温	7.0 ℃	
日平均最高气温	12.1 ℃	
日平均最低气温	2.0 ℃	
日极端最高气温	21.6 ℃	（2001 年）
日极端最低气温	−4.6 ℃	（1984 年）
日最大降水量	12.7 毫米	（1990 年）
日最大风速	13.3 米 / 秒	（1978 年）

【气候】

春 分

每年 3 月 21 日前后，太阳移到黄经 0° 时，为春分节气。据《月令七十二候集解》载："分者半也，此当九十日之半，故谓之分。"又《春秋繁露·阴阳出入上下篇》云："春分者，阴阳相半也，故昼夜均而寒暑平。"春分时，日光直射在地球赤道上，昼间几乎等长。天文学上以春分日为北半球春季的开始。从江南看，这时日平均气温已稳定超过 10 ℃，完全符合气候学上的春季。

有关春分的谚语可以分为四类：一类是描写昼夜等长的，如"春分秋分，昼夜平分""吃了春分饭，一天长一线"等；一类是根据春分晴雨预测后期天气的，如"春分日有雨，秋分日大水"等；一类是根据冷暖预测后期天气的，如"春分不冷清明冷""春分不晚，秋分不寒"等；一类是根据风来预测后期天气的，如"春分西风多阴雨""春分若是暖，五月先水后旱晴"等。

3 月 22 日	———————— 天 文 时 刻 ————————			
	天亮	05 时 49 分	天黑	18 时 55 分
	日出	06 时 15 分	日没	18 时 28 分
今日历史气候值				
日平均气温	7.2℃			
日平均最高气温	12.3℃			
日平均最低气温	2.3℃			
日极端最高气温	17.9℃	（2006 年）		
日极端最低气温	−5.5℃	（1974 年）		
日最大降水量	5.8 毫米	（1980 年）		
日最大风速	13.3 米 / 秒	（1976 年）		

【气象知识】

世界气象组织

世界气象组织的前身是国际气象组织，创建于 1873 年。当时 20 个国家的 32 名代表于 1873 年 9 月 2—6 日在奥地利维也纳召开了第一届国际气象大会，决定建立非政府间机构——国际气象组织。1950 年 3 月，国际气象组织更名为世界气象组织。1951 年 12 月 20 日联合国大会通过决议，正式决定将世界气象组织作为联合国的一个专门机构。

世界气象组织的组织机构包括世界气象大会、执行理事会、区域协会、技术委员会和秘书处，现有会员 191 个，其中国家会员 185 个，地区会员 6 个 (包括中国香港和澳门)。

中国气象局原局长邹竞蒙于 1987 年世界气象组织第 10 次大会上被选为世界气象组织主席，任期 4 年，这是中国在联合国各专门机构中首次担任主席职务，这标志着中国将在国际气象事务中发挥更大的作用，为国际气象合作做出更多贡献。

3 月 23 日	———————— 天 文 时 刻 ————————			
	天亮	05 时 47 分	天黑	18 时 56 分
	日出	06 时 14 分	日没	18 时 29 分

今日历史气候值		
日平均气温	7.7℃	
日平均最高气温	12.0℃	
日平均最低气温	3.0℃	
日极端最高气温	20.6℃	（2001 年）
日极端最低气温	−4.2℃	（1976 年）
日最大降水量	7.3 毫米	（1979 年）
日最大风速	15.7 米 / 秒	（1977 年）

【气象知识】

世界气象日

3 月 23 日是世界气象日。1947 年 9—10 月，国际气象组织(IMO)在美国华盛顿召开了 45 国气象局长会议，决定成立世界气象组织(WMO)，并通过了世界气象组织公约。公约规定，当第 30 份批准书提交后的第 30 天，即为世界气象组织公约正式生效之日。1950 年 2 月 21 日，伊拉克提交了第 30 份批准书，3 月 23 日世界气象组织公约正式生效，标志着世界气象组织正式诞生。为纪念这一特殊的日子，1960 年 6 月，世界气象组织执委会第 20 届会议决定，把 3 月 23 日定为"世界气象日"，并从 1961 年开始，每年的这一天，世界各国的气象工作者都要围绕一个由 WMO 选定的主题进行纪念和庆祝。

3 月 24 日	——————— 天文时刻 ———————			
	天亮	05 时 45 分	天黑	18 时 57 分
	日出	06 时 13 分	日没	18 时 30 分

今日历史气候值		
日平均气温	8.0℃	
日平均最高气温	13.5℃	
日平均最低气温	2.5℃	
日极端最高气温	21.5℃	（2006 年）
日极端最低气温	−8.8℃	（1979 年）
日最大降水量	5.1 毫米	（2009 年）
日最大风速	13.7 米/秒	（1977 年）

【气象与生活】

春光明媚话春游

农历暮春三月，正是风和日丽、百花吐艳、莺歌燕舞的大好时光，此时春游踏青，是开阔眼界、饱览春色、陶冶情操的一项体育运动。走出车水马龙嘈杂的闹市，迈开矫健的步履，登上绿树葱葱的青山，虽需"劳筋骨"，但能增强心肺和肌肉功能的锻炼，对身体大有益处。

冬去春来，阳气上升，浊气下降，百虫复苏，万木返青。春游途中，阳光暖融，树绿草青，空气清新，这样的环境能调节人的情趣，有益于保护大脑和中枢神经系统，提高人的思维、记忆、分析的综合能力。

如果你漫步在瀑布、喷泉、湖畔及海边，还可以吸收到空气中的"维生素"——负氧离子。这些地方所含负氧离子比其他地方多 3～5 倍，大量负氧离子进入人体，具有镇痛、止咳、镇静、催眠、降低血压和减轻疲劳的作用。

一年之计在于春。趁春工作，趁春耕耘，趁春读书，趁春郊游，天赐良机，机不可失。

3 月 25 日	———————— 天 文 时 刻 ————————			
	天亮	05 时 43 分	天黑	18 时 58 分
	日出	06 时 11 分	日没	18 时 31 分

今日历史气候值		
日平均气温	8.7℃	
日平均最高气温	15.0℃	
日平均最低气温	2.1℃	
日极端最高气温	23.9℃	（2005 年）
日极端最低气温	−4.9℃	（1987 年）
日最大降水量	2.9 毫米	（2010 年）
日最大风速	13.7 米 / 秒	（1981 年）

【气象与健康】

花粉浓度

花粉过敏症是一种严重危害人体健康的常见病和多发病。花粉过敏症患者的临床表现因人而异，主要表现为流鼻涕、流眼泪、打喷嚏、鼻痒、眼及外耳道奇痒，常被人误认为患了感冒，严重者会诱发气管炎、支气管炎、哮喘、肺心病等。

一年中通常有两个花粉高峰期，一个是 3—5 月，万物复苏，百花盛开，此时的花粉以木本花粉为主；另一个是 6—9 月，各种作物草类相继开花结果，此时的花粉以草本花粉为主。夏季和冬季花粉浓度较低，主要是因为夏季大部分植物处于生长期，开花的少；而冬季寒冷，树木落叶，花草凋零，是一年中花粉浓度最低的时候。

花粉过敏症患者在花粉高峰期，应尽量减少外出，避免到树木花草多的公园或野外，必须外出时，最好佩戴口罩。遇干热或大风天气，可关闭门窗，以减少花粉侵入。

3月26日	────────── 天 文 时 刻 ──────────			
	天亮	05 时 41 分	天黑	18 时 59 分
	日出	06 时 10 分	日没	18 时 32 分

今日历史气候值		
日平均气温	9.2℃	
日平均最高气温	15.4℃	
日平均最低气温	2.9℃	
日极端最高气温	24.7℃	（2000 年）
日极端最低气温	-3.3℃	（1984 年）
日最大降水量	11.2 毫米	（1991 年）
日最大风速	12.7 米 / 秒	（1972 年）

【气象知识】

绿色植物有益于环境

绿色植物能从大气中吸收有毒有害气体，有着惊人的净化作用，每公顷柳树每年可从大气中吸收二氧化硫约 700 千克。美人蕉、月季、丁香、菊花以及银杏、洋槐也能吸收二氧化硫，刺槐、臭椿、松柏、月季等能吸收氟化氢，蔷薇和烟草能吸收比较多的汞。每公顷森林每天可吸收 1 吨二氧化碳，产生 730 千克氧气。一个成年人每天约消耗 0.75 千克的氧气，排出约 1 千克的二氧化碳。如果每人有 10 平方米森林，或 50 平方米草地，就可以吸收一个人一天所呼出的二氧化碳，另外，树木对粉尘有很大的阻挡和过滤吸附作用，一般能减少粉尘 21% ～ 39%。大力植树造林，栽种花草，能改善环境，减轻污染。

3月27日	——————— 天 文 时 刻 ———————			
	天亮	05时40分	天黑	19时00分
	日出	06时08分	日没	18时33分

今日历史气候值		
日平均气温	9.7℃	
日平均最高气温	15.6℃	
日平均最低气温	4.0℃	
日极端最高气温	23.9℃	（2012年）
日极端最低气温	−1.6℃	（1984年）
日最大降水量	11.6毫米	（1990年）
日最大风速	11.6米/秒	（2000年）

【其他】

世界标准时区

世界标准时区就是以格林尼治子午线为基线所划分的 24 个时区。基线东西经度各 7.5° 的范围作为零时区，然后每隔 15° 为一时区，以东（西）经度 7.5～22.5° 的范围为东一时区（西一时区），东（西）经度 22.5～37.5° 的范围为东（西）二时区，依次类推。在每一区内一律使用它的中央子午线上的时间，称为该区的"标准时"。每越过一区的界线，时间便差一小时。凡在同一子午线上的地方，属于同一时区。伦敦以东的子午线（东经由 0～180°），比伦敦的时间早；伦敦以西子午线（西经由 0～180°）比伦敦时间迟。

时区的界限并不是严格地规定为某一子午线，而是参考行政区来划分。

3月28日	――――――――天 文 时 刻――――――――			
	天亮	05时39分	天黑	19时01分
	日出	06时06分	日没	18时34分
今日历史气候值				
日平均气温	9.8℃			
日平均最高气温	15.8℃			
日平均最低气温	4.2℃			
日极端最高气温	25.4℃	（1997年）		
日极端最低气温	−1.6℃	（1976年）		
日最大降水量	8.4毫米	（1990年）		
日最大风速	16.7米/秒	（1971年）		

【其他】

格林尼治子午线在哪里

子午线是一条经线，即地球表面南北极之间的一条假设的线。格林尼治子午线是0°经线，通过位于英国伦敦附近的格林尼治皇家天文台。

皇家天文台1657年建于格林尼治一座俯瞰王宫的小山上。19世纪，皇家天文台安装了一台新的天文望远镜，以便通过测量恒星的位移来确定精确的时间。

1884年以前，欧美各国所规定的本初子午线，彼此各不相同，非常不便。1884年在美国华盛顿举行国际子午线会议，格林尼治子午线被确定为本初子午线，其他所有经线都由格林尼治向东向西计算。由此以后，各国经度才得以一致。

3 月 29 日	————————— 天 文 时 刻 —————————			
	天亮	05 时 37 分	天黑	19 时 03 分
	日出	06 时 05 分	日没	18 时 35 分

今日历史气候值		
日平均气温	9.9℃	
日平均最高气温	16.0℃	
日平均最低气温	4.4℃	
日极端最高气温	23.6℃	（2012 年）
日极端最低气温	−2.3℃	（1991 年）
日最大降水量	10.5 毫米	（1986 年）
日最大风速	13.0 米 / 秒	（1976 年）

【其他】

国际日期变更线

　　麦哲伦于 1520 年开始环绕世界一周。由西班牙西行过大西洋，绕南美洲南端，进入太平洋。1521 年过太平洋，死于菲律宾。其同伴于 1522 年返回西班牙，对证日历，比西班牙日历少一天。详细检查每日日记，并无缺漏。经过多年研究，才了解是船过太平洋换日线时，未增加一日缘故。

　　国际日期变更线又名国际改日线。地球上各处因东西位置不同，日出时刻不是同一瞬间，而有早晚的差异。向东航行的人去迎接太阳，绕地球一周后，会感觉多过一天；向西航行的人去追赶太阳，绕地球一周后，会感觉少了一天。为避免这种日期上的紊乱，1884 年国际经度会议决定将经度 180° 的子午线作为日期变更的界限。向东航行过这一线时须减去一天，如 2 日正午改为 1 日正午；向西航行过这一线时，须增加一天，如 1 日正午改为 2 日正午。

3月30日	------- 天 文 时 刻 -------			
	天亮	05时35分	天黑	19时04分
	日出	06时03分	日没	18时36分

今日历史气候值		
日平均气温	10.3℃	
日平均最高气温	16.1℃	
日平均最低气温	4.5℃	
日极端最高气温	25.3℃	（2005年）
日极端最低气温	−1.2℃	（1978年）
日最大降水量	4.4毫米	（2010年）
日最大风速	20.7米/秒	（1972年）

【其他】

中国时区与北京时间

我国领土地跨三个整时区及两个半时区。长白区（半时区），以东经127.5°经线为准，较伦敦早8小时30分。中原区（整时区），以东经120°经线为准，较伦敦早8小时。陇蜀区（整时区），以东经105°经线为准，较伦敦早7小时。回藏区（整时区），以东经90°经线为准，较伦敦早6小时。昆仑区（半时区），以东经82.5°经线为准，较伦敦早5小时30分。

我国现在通用的标准时，即以东经120°子午线为标准的时间，称北京时间。实际上并不是北京的地方时，而是北京所在的东八时区的区时。

3月31日	—————— 天 文 时 刻 ——————			
	天亮	05时34分	天黑	19时05分
	日出	06时02分	日没	18时37分

今日历史气候值		
日平均气温	10.9℃	
日平均最高气温	16.3℃	
日平均最低气温	5.2℃	
日极端最高气温	28.8℃	（2002年）
日极端最低气温	−3.8℃	（1978年）
日最大降水量	1.2毫米	（1979年）
日最大风速	18.7米/秒	（1971年）

【气象知识】

我国气象站之最

中国最北端的气象站：北极村国家气象观测站位于中国的最北端，黑龙江省漠河县的北极村。

中国最南端的气象站：我国最南端的有人值守的气象观测站是台湾太平岛气象站。除此之外则是珊瑚气象站，该站位于美丽的海岛——珊瑚岛上。

中国最东端的气象站：抚远国家气象观测站，位于黑龙江省境内三江平原黑龙江、乌苏里江两江交汇的三角地带。抚远县是中国最早见到太阳的地方，素有"华夏东极"和"东方第一县"之美誉。

中国最西端的气象站：塔什库尔干气象站在新疆喀什地区塔什库尔干塔吉克自治县境内。

中国海拔最高的气象站：安多气象站位于西藏那曲地区，唐古拉山南麓，观测场海拔4800米，同时该站也是世界上最高的有人值守的气象站，誉为"天下第一气象站"。

气象北京365 ———— **4月份**

4月1日	天文时刻			
	天亮	05 时 32 分	天黑	19 时 06 分
	日出	06 时 00 分	日没	18 时 38 分

今日历史气候值		
日平均气温	10.7℃	
日平均最高气温	16.2℃	
日平均最低气温	5.4℃	
日极端最高气温	25.5℃	（2002 年）
日极端最低气温	−3.2℃	（1972 年）
日最大降水量	16.9 毫米	（1997 年）
日最大风速	14 米 / 秒	（1983 年）

【气候】

北京 4 月气候概况

本月气温回升很快，天气逐渐转向温暖，空气干燥，风沙较多。降雪和霜冻天气已很少见，花卉逐渐开始绽放，北京进入春季旅游旺季。

气温通常在 7 ～ 20℃之间，平均气温 14.8℃。历史上，4 月份最高气温曾达 36.1℃（1945 年 4 月 21 日），最低气温偶尔仍可降到零下。

月降水量 24.7 毫米，降水日数 4.9 天。由于气温回升，刮风多，空气仍然干燥。本月晴天日数达 22 天，日照充足。

本月正是春季风沙盛行时期，沙尘天气平均 3.3 天，居各月之首，最多可达 17 天（1954 年）。

4月2日	────────── 天 文 时 刻 ──────────			
	天亮	05 时 31 分	天黑	19 时 07 分
	日出	05 时 59 分	日没	18 时 39 分

今日历史气候值		
日平均气温	11.0 ℃	
日平均最高气温	17.1 ℃	
日平均最低气温	5.1 ℃	
日极端最高气温	27.3 ℃	（2002 年）
日极端最低气温	−0.7 ℃	（1972 年）
日最大降水量	8.3 毫米	（1990 年）
日最大风速	12.0 米 / 秒	（1972 年）

【气象知识】

气候资源学

气候资源是指可以为人类生产和生活提供原料、能源、观赏游览价值的气候要素或气候现象的总体。气候资源包括光、热、水、风与大气成分，是人类生产和生活必不可少的主要自然资源。气候资源学是介于气候学与自然资源学之间的一门交叉科学，它是以光、热、水、风、大气成分等气候资源要素及其组合为对象，研究其数量、质量、发展变化、空间分布及其综合开发利用、保护和管理的一门科学。这门科学在农业、建筑业、能源开发、水利工程、生产布局、城镇规划等方面有着广泛的应用。

4 月 3 日	———————— 天 文 时 刻 ————————			
	天亮	05 时 30 分	天黑	19 时 08 分
	日出	05 时 58 分	日没	18 时 40 分

今日历史气候值		
日平均气温	11.8℃	
日平均最高气温	17.9℃	
日平均最低气温	5.3℃	
日极端最高气温	24.6℃	（2002 年）
日极端最低气温	−1.4℃	（1979 年）
日最大降水量	15.9 毫米	（1993 年）
日最大风速	15.3 米 / 秒	（1974 年）

【行业气象】

高处作业的气象要求

所谓高处作业是指人在一定位置为基准的高处进行的作业。国家标准《高处作业分级》中规定："凡在坠落高度基准面 2 米以上（含 2 米）有可能坠落的高处进行作业，都称为高处作业。"根据这一规定，在建筑业中涉及高处作业的范围是相当广泛的。

在恶劣天气条件下，高处作业容易发生安全事故，因此在酷热、寒冷、强风或雷电、大雨、雪、雾等天气时，应尽量避免高处作业。另外，还必须做好高处作业过程中的安全检查，如发现异常状态，要及时加以排除，使之达到安全要求，从而控制高处坠落事故发生。

4月4日	----------- 天 文 时 刻 -----------			
	天亮	05时28分	天黑	19时09分
	日出	05时56分	日没	18时41分

今日历史气候值		
日平均气温	13.1℃	
日平均最高气温	19.4℃	
日平均最低气温	6.3℃	
日极端最高气温	27.1℃	（1994年）
日极端最低气温	−2.7℃	（1976年）
日最大降水量	1.1毫米	（1980年）
日最大风速	12.7米/秒	（1972年）

【气象知识】

水为什么会从云中落下来

如果天不下雨，我们的地球将会是什么样子呢？全部水会蒸发光，所有的海洋、河流、湖泊和溪川都会干涸，植物和动物会得不到水，一切都无法生存。

水是怎样从云中返回地面的呢？

云是由亿万颗水汽微滴组成的。微滴很轻，上升的空气托住微滴，它们上下翻动，微滴在上下翻动时发生碰撞，聚集成较大的微滴，如此反复不断，微滴愈变愈大，最后变成水滴，水滴比微滴大得多，重得多，上升的空气拖不住它们，便落到地面。

水从云中落到地面叫降水。降水的形式有五种：雨、毛毛雨、雪、雹和雨夹雪。雨和毛毛雨是液态降水，雪、雹和雨夹雪是固态降水。

4月5日	————————天 文 时 刻————————			
	天亮	05时26分	天黑	19时10分
	日出	05时54分	日没	18时42分

今日历史气候值		
日平均气温	13.1℃	
日平均最高气温	19.4℃	
日平均最低气温	6.9℃	
日极端最高气温	25.1℃	（1994年）
日极端最低气温	−0.6℃	（1973年）
日最大降水量	9.1毫米	（2002年）
日最大风速	20.0米/秒	（1978年）

【气候】

清 明

春分后，气温继续回升，天气逐渐转暖，草木繁茂，一扫冬季枯萎凋落景象。空气清新明洁，宜踏青，故有"清明"之称。《月令七十二候集解》所载，"物至此时，皆以洁齐而清明矣"，也是同一个意思。

清明节气在每年4月5日前后，这时太阳移达黄经15°，黄河中下游及其以南地区进入春耕春种大忙季节。

许多物候现象以清明节气作为指标，如写竹笋的有"清明竹笋出，谷雨笋出齐""清明苗现"等，写茶树的有"清明发芽，谷雨采茶""明前茶，两片芽"等；清明节气也常用作天气气候方面的指标，如江南的"清明断雪，谷雨断霜"，华北的"清明断雪不断雪，谷雨断霜不断霜"等谚语。

4月6日	—————— 天文时刻 ——————			
	天亮	05时24分	天黑	19时11分
	日出	05时52分	日没	18时43分

今日历史气候值		
日平均气温	13.3℃	
日平均最高气温	19.0℃	
日平均最低气温	7.6℃	
日极端最高气温	27.8℃	（2005年）
日极端最低气温	−1℃	（1984年）
日最大降水量	4.7毫米	（2001年）
日最大风速	13.0米/秒	（1983年）

【气象与生活】

风筝的放飞和气象条件

北京地处季风气候区，冬季盛行偏北风，夏季盛行偏南风，春秋是南北风向转换季节。在一年四季中，春季的风速最大，这就是为什么春季里放风筝最多的原因。自古以来描写放风筝的诗句很多，在这些诗句中，绝大部分都与春风联系在一起，"消得春风多少力，带将儿辈上青天""人人夸你春风早，笑我风筝五丈风"。

春天的气温也极适于人们户外活动，这时的日平均气温在10～22℃之间，这样的气温正是人们感觉上的气温舒适带，到户外去呼吸新鲜空气，活动一下筋骨也正是好时候。春季有利于放风筝，还有一点就是上升气流。俗话说"立春阳气转"，立春以后，由于北方地区接受太阳辐射能量越来越多，地表温度也随之升高，这时在低空由于上冷下暖而产生明显的热对流现象，除了水平方向的风作用在倾斜的风筝上产生升力外，空气中的上升气流还会把风筝送到高空。

4月7日	———————— 天 文 时 刻 ————————			
	天亮	05时23分	天黑	19时12分
	日出	05时51分	日没	18时44分

今日历史气候值		
日平均气温	13.6℃	
日平均最高气温	20.0℃	
日平均最低气温	7.6℃	
日极端最高气温	27.6℃	（1982年）
日极端最低气温	−0.3℃	（1972年）
日最大降水量	2.2毫米	（1980年）
日最大风速	12.7米/秒	（1982年）

【气象知识】

高空风及其测量

高空风是指近地面层以上大气层中的风。对于高空风的测量，一般指从地面到空中各高度上的风向风速的测定。测量高空风有助于我们了解大气层的运动状况，如区域和全球大气环流，包括海陆风、山谷风、城市热岛环流等，是研究全球及区域气候变化，准确预报天气现象的重要手段。

高空风的测量一般有以下三种方法：

1.利用示踪物随气球飘浮，观测示踪物的轨迹来确定空中的风向、风速。

2.利用系留气球、风筝、飞机、气象塔等观测平台，使测风器安置在不同的高度上，根据气流对测风仪器的动力作用来测量空中的风向、风速。

3.利用大气中的质点和湍流团块与无线电波、声波、光波的相互作用，由多普勒效应引起的频移变化，推算空中的风向、风速。

4月8日	———————— 天文时刻 ————————			
	天亮	05 时 21 分	天黑	19 时 13 分
	日出	05 时 49 分	日没	18 时 45 分

今日历史气候值		
日平均气温	13.6℃	
日平均最高气温	19.7℃	
日平均最低气温	7.9℃	
日极端最高气温	29.1℃	（2004 年）
日极端最低气温	−1.8℃	（1972 年）
日最大降水量	4.2 毫米	（2005 年）
日最大风速	16.3 米 / 秒	（1979 年）

【气象知识】

北京的大风

北京市的大风日数年平均 12.6 天，其中 3，4 月份最多. 平均 2 ～ 3 天，8，9 月份最少平均只有 0.4 天。山区大风日数比城区多。

北京的大风主要有三种类型：寒潮偏北大风、气旋前部偏南大风和雷雨大风，最大风速可达 40 米 / 秒。

寒潮偏北大风发生在冬半年，往往伴有剧烈降温，造成冻害。气旋前部偏南大风主要发生在春季，往往伴有风沙天气，对塑料大棚、地膜等设施农业破坏较大。雷雨大风往往出现在强对流天气过程中，常和暴雨、冰雹等灾害性天气同时出现，对农作物、建筑物、供电线路等影响较大。

4 月 9 日	天 文 时 刻			
	天亮	05 时 19 分	天黑	19 时 14 分
	日出	05 时 48 分	日没	18 时 46 分

今日历史气候值		
日平均气温	13.5 ℃	
日平均最高气温	19.4 ℃	
日平均最低气温	7.8 ℃	
日极端最高气温	27.5 ℃	（2004 年）
日极端最低气温	−1.1 ℃	（1971 年）
日最大降水量	15.6 毫米	（1987 年）
日最大风速	15.0 米 / 秒	（1975 年）

【历史个例】

一起春季的大风灾害

　　1993 年 4 月 9 日，受强冷空气南下和地面低压共同影响，北京出现一次全市范围的大风天气，8 级以上的大风将 300 多个大棚刮坏，导致供电线路事故 100 多起，城区有 40 多处广告牌和高楼悬挂物被风刮倒，其中北京火车站前的大型广告牌连砖墙一起被刮倒，造成 2 人死亡，15 人受伤；建国门地区瞬时极大风速达 27 米 / 秒，朝阳达 30 米 / 秒。"风助火势，火乘风威"，当天本市火灾事故倍增，据市消防局统计，9 日 00—18 时，全市报火警 25 起，出动消防车 70 多辆，双桥农场仓库烧毁 100 平方米。

4 月 10 日	-------------- 天 文 时 刻 --------------			
	天亮	05 时 17 分	天黑	19 时 15 分
	日出	05 时 46 分	日没	18 时 47 分

今日历史气候值		
日平均气温	13.2℃	
日平均最高气温	18.9℃	
日平均最低气温	7.9℃	
日极端最高气温	24.9℃	（1990 年）
日极端最低气温	1.6℃	（1971 年）
日最大降水量	4.3 毫米	（1995 年）
日最大风速	13.0 米 / 秒	（1972 年）

【灾害与防御】

大风预警信号

大风指瞬时风力达 8 级或以上的风。它能吹翻船只，拔倒大树，折断电杆，倒房翻车，还能引起风暴潮等系列灾害。

大风预警信号共分为四级，按风力等级和紧急程度逐渐增加，分别以蓝色、黄色、橙色、红色表示。

大风蓝色预警信号划分标准：24 小时内可能受大风影响，平均风力可达 6 级以上，或者阵风 7 级以上；或者已经受大风影响，平均风力为 6～7 级，或者阵风 7～8 级并可能持续。

大风黄色预警信号划分标准：12 小时内可能受大风影响，平均风力可达 8 级以上，或者阵风 9 级以上；或者已经受大风影响，平均风力为 8～9 级，或者阵风 9～10 级并可能持续。

大风橙色预警信号划分标准：6 小时内可能受大风影响，平均风力可达 10 级以上，或者阵风 11 级以上；或者已经受大风影响，平均风力为 10～11 级，或者阵风 11～12 级并可能持续。

大风红色预警信号划分标准：6 小时内可能受大风影响，平均风力可达 12 级以上，或者阵风 13 级以上；或者已经受大风影响，平均风力为 12 级以上，或者阵风 13 级以上并可能持续。

4月11日	————— 天文时刻 —————			
	天亮	05时16分	天黑	19时16分
	日出	05时44分	日没	18时48分

今日历史气候值		
日平均气温	13.3℃	
日平均最高气温	18.8℃	
日平均最低气温	7.7℃	
日极端最高气温	27.7℃	（2004年）
日极端最低气温	1.2℃	（1993年）
日最大降水量	7.2毫米	（2008年）
日最大风速	15.0米/秒	（1973年）

【灾害与防御】

大风防御指南

停止高空和动火作业，停止水上、户外作业和一切露天集体活动，房屋抗风能力较弱的中小学校和单位应当停课、停业。

切断户外危险电源，加固围板、棚架、广告牌等易被大风吹动的搭建物，妥善安置易受大风损坏的室外物品；检查大棚薄膜，修补漏洞，暂停农田灌溉。疏散、转移危险地带和危房中的居民。

个人外出尽量少骑自行车；远离工地并快速通过；行人与车辆驾驶人员尽量不在高大建筑物、广告牌、临时搭建物或大树的下方停留或停车。驾车尽量减速慢行，转弯时要小心控制车速，防止侧翻。

室内人员应关好门窗，并远离窗口，防止玻璃破碎，以免强风席卷沙石击碎玻璃伤人；户外人员及时到安全场所躲避。

加强防火意识，消除火灾隐患。

4 月 12 日	------------- 天 文 时 刻 -------------			
	天亮	05 时 15 分	天黑	19 时 17 分
	日出	05 时 43 分	日没	18 时 49 分

今日历史气候值

日平均气温	14.0℃	
日平均最高气温	19.8℃	
日平均最低气温	7.6℃	
日极端最高气温	29.5℃	（2000 年）
日极端最低气温	0.8℃	（1979 年）
日最大降水量	25.2 毫米	（1979 年）
日最大风速	13 米 / 秒	（1979 年）

【气象知识】

我国日照和风的极值

年平均日照时数以青海冷湖 3553.9 小时为最多。

年平均日照时数以四川峨眉山 946.8 小时为最少。

年平均日照百分率以冷湖 80% 为最高。

年平均日照百分率以峨眉山 22% 为最小。

1964 年 1 月贵州湄潭县日照仅为 0.6 小时。

年平均风速以吉林长白山天池的 11.7 米 / 秒为最大。

年平均风速以云南景洪的 0.5 米 / 秒为最小。

最大风速是海南省琼海市 70 米 / 秒的记录。

年平均大风（≥ 8 级）日数以长白山天池 270.4 天最多，最多年份达到 304 天。

年大风日数最少的为西藏波密，10 年才有 3 天大风。

4月13日	————————— 天 文 时 刻 —————————			
	天亮	05时13分	天黑	19时18分
	日出	05时41分	日没	18时50分

今日历史气候值		
日平均气温	14.8℃	
日平均最高气温	20.9℃	
日平均最低气温	8.0℃	
日极端最高气温	27.5℃	（2009年）
日极端最低气温	2.7℃	（1987年）
日最大降水量	1.8毫米	（1996年）
日最大风速	12.0米/秒	（1979年）

【气象知识】

咆哮的西风带

大西洋南纬40°的海区，是世界上著名的大风浪区，这里的海洋，终日像发疯似的翻腾咆哮，故有"咆哮的西风带"之称。由于这一带海域极其广阔，几乎没有什么陆地阻挡，地形较简单，气温和气压的变化干扰少，因此这一带常常可以达到暴风级的风力(11级)，风时很长。

位于非洲最南端的好望角，是世界海运交通要道，也是"咆哮的西风带"内风浪特大的区域。一年中有一百多天狂风恶浪肆虐，浪高6米以上，有时竟高达15米，即使是"风平浪静"的日子，浪高也在2米以上。每年过往的船只在这里发生失事达百起，有的船只航行到这里，则知难而退，不愿再冒险前进。故航海者感叹地说："好望角好望不好过"啊！

4月14日	―――――― 天 文 时 刻 ――――――			
	天亮	05时11分	天黑	19时19分
	日出	05时40分	日没	18时51分

今日历史气候值		
日平均气温	15.4℃	
日平均最高气温	21.9℃	
日平均最低气温	8.9℃	
日极端最高气温	30.3℃	（2011年）
日极端最低气温	1.2℃	（1980年）
日最大降水量	3.7毫米	（1981年）
日最大风速	12米/秒	（1983年）

【气象知识】

杨柳飞絮的气象条件

每一年北京的春天都会被飞絮所困扰，飞絮常常漫天飘洒，随风癫狂，有时还会在地面上形成一层厚厚的"积雪"，这些飞絮既给人们生活带来了烦恼，也成为环境安全的隐患。

北京的飞絮是杨树、柳树等植物种子在成熟后炸裂的自然现象。在一定的天气条件下，这些种子会集中炸裂，从而形成飞絮。一般杨絮较柳絮提前一周飘飞。飘絮的早晚和气象条件密切相关，就杨树而言，当积温达到480℃·d，而且日平均气温在14℃时，毛白杨的种子便开始成熟炸裂，杨絮开始飘飞。

积温是指某一时段内逐日平均气温的累积值。从常年的气象资料看，杨树飘絮的时间一般在4月20日左右。近年来随着气候变暖，积温达到480℃·d的时间也明显提前，所以近些年来飘絮开始的日期较常年提前10天左右。

4月15日	━━━━━━━━ 天 文 时 刻 ━━━━━━━━			
	天亮	05时10分	天黑	19时20分
	日出	05时38分	日没	18时52分

今日历史气候值		
日平均气温	15.2℃	
日平均最高气温	21.2℃	
日平均最低气温	9.0℃	
日极端最高气温	29.7℃	（2004年）
日极端最低气温	2.6℃	（1971年）
日最大降水量	6.6毫米	（1985年）
日最大风速	15.7米/秒	（1978年）

【气象知识】

为什么赤道不是气温最高的地方

说到赤道人们都会认为那是地球上最热的地方，但从气温分布图上看，最热的地方在亚洲、非洲、澳洲以及南美洲一些远离赤道的沙漠地区。赤道上最高气温纪录很少超过35℃，而撒哈拉大沙漠白天最高气温竟可达55℃，北非的阿济泽气温曾升到58℃。气温的分布取决于纬度、海陆和大气环流三大因素。赤道地区虽然纬度低，热量多，但大多数被海洋占据。海洋通过波动和洋流，将所得到的热量大量地向下层和其他海区输送，使热量不集中在表层。另一方面海水热容量大，且蒸发时又耗去大量热量，因此白天赤道上气温并不会急剧上升。而沙漠植被少，沙地裸露，热容量又小，同时热量很难向下传送，集中在表层，使近地面层气温升高很快。再加上沙漠地区缺水，减少了蒸发耗热作用，到了夏季，中午地面被烤得火热，从而使气温急剧增高。

4 月 16 日	——————— 天 文 时 刻 ———————			
	天亮	05 时 08 分	天黑	19 时 21 分
	日出	05 时 37 分	日没	18 时 53 分

今日历史气候值		
日平均气温	15.5 ℃	
日平均最高气温	22.1 ℃	
日平均最低气温	8.4 ℃	
日极端最高气温	29.2 ℃	（2001 年）
日极端最低气温	−0.6 ℃	（1980 年）
日最大降水量	16.5 毫米	（1984 年）
日最大风速	15.0 米 / 秒	（1977 年）

【气象知识】

自动气象站

自动气象站是一种能自动观测和存储气象观测数据的设备，主要由传感器、采集器、通信接口、系统电源等组成，随着气象要素值的变化，各传感器的感应元件输出的电量产生变化，这种变化量被 CPU 实时控制的数据采集器所采集，经过线性化和定量化处理，实现工程量到要素量的转换，再对数据进行筛选，得出各个气象要素值。自动气象站观测项目主要包括气压、温度、湿度、风向、风速、雨量等，经扩充后还可测量其他要素，数据采集频率较高，每分钟采集并存储一组观测数据。根据对自动气象站人工干预情况也可将自动气象站分为有人值守自动站和无人值守自动站。自动气象站网由一个中心站和若干自动气象站通过通信电路组成。

4 月 17 日	—————— 天 文 时 刻 ——————			
	天亮	05 时 06 分	天黑	19 时 22 分
	日出	05 时 35 分	日没	18 时 54 分

今日历史气候值		
日平均气温	16.0 ℃	
日平均最高气温	22.4 ℃	
日平均最低气温	9.6 ℃	
日极端最高气温	32.1 ℃	（1993 年）
日极端最低气温	1.2 ℃	（1973 年）
日最大降水量	7.7 毫米	（1988 年）
日最大风速	17.0 米 / 秒	（1977 年）

【气象知识】

自动气象站网

截至 2015 年，北京市气象局按照城区大约间隔 5 千米、郊区 10 ～ 15 千米的建设原则，已建成多要素自动气象站 350 多个，并在市气象局建立中心站组网，实时收集、监控、分发自动气象站观测数据，自动气象站网已覆盖北京市全地域，能够实时、准确地获取北京的气象要素数据，较好地满足了日常业务需要，也为更好地为首都人民做好气象服务打下了坚实的基础。

4 月 18 日	——————— 天 文 时 刻 ———————			
	天亮	05 时 05 分	天黑	19 时 23 分
	日出	05 时 34 分	日没	18 时 55 分

今日历史气候值		
日平均气温	16.1℃	
日平均最高气温	22.1℃	
日平均最低气温	10.4℃	
日极端最高气温	30.9℃	（1993 年）
日极端最低气温	3.7℃	（1971 年）
日最大降水量	16.6 毫米	（1990 年）
日最大风速	20.3 米 / 秒	（1978 年）

【气象与生活】

北京春季观花

北京的春天很短，但春的气息却是浓厚的。桃红李白，杨柳枝绿，迎春花吐露出黄色的花瓣，随着春风摇曳，象征着吉祥和纯洁的玉兰花吸引着人们。大觉寺、潭柘寺、颐和园都有百年之久的古玉兰树；北海公园的太液池边，中山公园的兰亭前，天坛公园的鸳鸯亭畔满树玉蕊，芳香四溢；紫竹院中的玉兰久负盛名，玉渊潭的樱花如云似霞，中山公园杜鹃山上红火一片；牡丹花、芍药花也在颐和园、景山公园争奇斗艳。然而北京的春天气候十分干燥，多风沙，手脚和口唇易干裂，因此初到北京的人应多饮水，外出游览，最好穿上风衣。

4 月 19 日	----------- 天 文 时 刻 -----------			
	天亮	05 时 03 分	天黑	19 时 25 分
	日出	05 时 32 分	日没	18 时 56 分

今日历史气候值		
日平均气温	15.9℃	
日平均最高气温	21.5℃	
日平均最低气温	10.7℃	
日极端最高气温	30.2℃	（2004 年）
日极端最低气温	3.8℃	（1976 年）
日最大降水量	10.3 毫米	（2009 年）
日最大风速	21.7 米 / 秒	（1978 年）

【气候】

谷 雨

据《月令七十二候集解》载："自雨水后，土膏脉动，今又雨其谷于水也，……盖谷以此时播种，自上而下也。"《孝经纬》云："斗指辰为谷雨，言雨生百谷也。"清明过后，雨水增多，大大有利于谷类作物的生长，故名"谷雨"。

谷雨一般在 4 月 20 日前后，这时太阳已经移至黄经 30°，正是农村栽禾大忙季节。

"谷雨前，好种棉"，又云："谷雨不种花，心头像蟹爬。"自古以来，棉农把谷雨作为棉花播种指标，编成谚语，世代相传。

谷雨节气的天气谚语大部分围绕有雨无雨这个中心，如"谷雨阴沉沉，立夏雨淋淋""谷雨下雨，四十五日无干土"等。

4 月 20 日	天 文 时 刻			
	天亮	05 时 01 分	天黑	19 时 26 分
	日出	05 时 31 分	日没	18 时 57 分

今日历史气候值		
日平均气温	15.6℃	
日平均最高气温	20.8℃	
日平均最低气温	10.4℃	
日极端最高气温	28.8℃	（1977 年）
日极端最低气温	2.5℃	（1986 年）
日最大降水量	29.4 毫米	（2008 年）
日最大风速	14.0 米 / 秒	（1980 年）

【气象与农事】

气象与农事（4月）

本月小麦处于拔节孕穗期，主要农业气象灾害是孕穗期冷害，具体指标是孕穗期（正常年份：4月25日—5月1日）日平均气温较常年偏低2～3℃，这将导致花粉生命力下降，粒数减少。针对孕穗期冷害，应提高麦田水肥条件，按照播期调节播量，另外应控制浇水的次数和量，争取麦苗早发增施磷肥，提前浇水增强对低温的抵抗力。葡萄处于萌芽、展叶期，应在天气晴好时抹芽、剪枝、摘心，并防止春季晚霜冻害。

4月21日	———————— 天 文 时 刻 ————————			
	天亮	05 时 00 分	天黑	19 时 27 分
	日出	05 时 29 分	日没	18 时 58 分

今日历史气候值		
日平均气温	15.9℃	
日平均最高气温	21.5℃	
日平均最低气温	10.3℃	
日极端最高气温	36.1℃	（1945 年）
日极端最低气温	1.7℃	（1978 年）
日最大降水量	22.3 毫米	（2008 年）
日最大风速	13.3 米 / 秒	（1974 年）

【气象与农事】

常见花卉的习性与花期（一）

月季：在平均气温 20℃，每天照射 8 小时的条件下，生长发育正常，平均气温 28℃以上处于半休眠状态。花期 5 月中旬至 11 月中旬。

菊花：喜干旱而不耐干旱，怕潮湿又不能断水过长。品种不同的花期也不同；有早菊、中菊和秋菊。

兰花：喜凉爽、阴湿，忌高温、强光、干燥，适宜酸性土壤。品种不同花期也不同，有春兰、夏兰、秋兰和冬兰。

水仙：浅盆水栽，置室内温暖向阳处，元旦前后陆续开花。

玫瑰：喜阳光、耐寒、耐旱，适宜肥沃的沙壤土。花期 4—9 月。

含笑：喜温暖、温润气候，不耐寒、不耐旱和暴晒。适应深厚、疏松、肥沃而排水良好的酸性土壤。花期 4—5 月。

茉莉花：长日照植物，喜炎热、潮湿，不耐阴及寒、旱。25～30℃生长良好。适宜于弱酸性沙质壤土。越冬气温要在 5℃以上，花期 6—10 月。

4 月 22 日	———————— 天 文 时 刻 ————————			
	天亮	04 时 59 分	天黑	19 时 28 分
	日出	05 时 28 分	日没	18 时 59 分

今日历史气候值		
日平均气温	15.8℃	
日平均最高气温	21.2℃	
日平均最低气温	10.2℃	
日极端最高气温	29.7℃	（1973 年）
日极端最低气温	3.6℃	（1974 年）
日最大降水量	15.1 毫米	（1998 年）
日最大风速	16.7 米 / 秒	（1976 年）

【气象与农事】

常见花卉的习性与花期（二）

夜来香：宜放置通风处，施肥水不宜过多。花期 5—10 月。

扶桑：喜光，喜温暖潮湿气候，不耐寒。适宜肥沃、深厚的砂质壤土。四季开花（冬季室温 20℃以上才开花）。

米兰：喜温暖、潮湿，怕寒冷、干旱，喜阳光，略耐阴，适于深厚、肥沃土壤。四季开花（冬季室温 12℃以上才开花）。

石榴：喜阳光、温暖，耐潮湿。石榴品种较多，容易栽培。多为 5 月开花，花期较长。

桂花：常绿花木。喜光、喜温暖，不适宜碱性土壤。多数花期为 8—10 月，四季桂花在气温 20～28℃时可常年开花。

夹竹桃：耐碱土、抗污染力极强，易栽培。花期 4—10 月。

4 月 23 日	------------- 天 文 时 刻 -------------			
	天亮	04 时 58 分	天黑	19 时 29 分
	日出	05 时 27 分	日没	19 时 00 分

今日历史气候值		
日平均气温	15.7 ℃	
日平均最高气温	21.6 ℃	
日平均最低气温	10.1 ℃	
日极端最高气温	29.3 ℃	（1983 年）
日极端最低气温	2.8 ℃	（2010 年）
日最大降水量	22.3 毫米	（1998 年）
日最大风速	14 米 / 秒	（1976 年）

【气象与农事】

常见花卉的习性与花期（三）

蝴蝶花：四季均可开花（视播种时间而定）。

郁金香：喜阳光、凉爽，耐寒。适于排水良好的温润沙质土壤。花期 3—5 月。

君子兰：生长期喜高温多湿，休眠期宜低温干燥。夏天放置阴凉处，通风不良或积水易烂根。花期 4—5 月。

朱顶红：喜温暖、温润、凉爽气候，不耐寒又怕高温，气温 15～22 ℃时生长良好。适宜排水良好的肥沃土壤。9 月至来年 5 月开花，夏季休眠。

倒挂金钟：喜凉爽气候，最怕炎热天气，气温 15 ℃左右生长良好，30 ℃以上容易死亡。喜肥沃土壤。春秋开花。

4 月 24 日	天文时刻			
	天亮	04 时 57 分	天黑	19 时 30 分
	日出	05 时 25 分	日没	19 时 01 分

今日历史气候值		
日平均气温	16.3℃	
日平均最高气温	22.3℃	
日平均最低气温	9.7℃	
日极端最高气温	30.3℃	（1983 年）
日极端最低气温	2.9℃	（1980 年）
日最大降水量	26.7 毫米	（2012 年）
日最大风速	11.7 米 / 秒	（1974 年）

【气象与农事】

常见花卉的习性与花期（四）

一品红：又名圣诞花。喜高温，怕旱又怕涝。适宜排水良好、疏松肥沃的沙壤土，花期为 10 月至来年 2 月。

马蹄莲：喜温暖、温润及阳光充足，13 ～ 18℃时生长良好。适宜胶泥土栽种，通常在 2—3 月和 8—9 月开两次花。

凤仙花：又名指甲花。适宜砂质肥沃土壤，容易栽培，6—7 月开花。

罗汉松：半阴性席绿冠木、小乔木，耐旱，抗病、虫能力较强。喜排水良好沙质壤土、怕积水，花期为 4—5 月。

一串红：喜肥、喜水、喜阳光、不耐寒。开花时间视播种早晚，花期持续 4 个月。

四季秋海棠：适宜凉爽、温润环境，水肥不宜过大。花期以 2—5 月和 8—11 月最盛。

五色椒：喜阳光和肥沃土壤。花期为 4—9 月，果期为 5—10 月。

麦冬草：喜温和湿润气候，能耐寒。适宜沙质土壤，花期为 7—8 月。

4 月 25 日	天 文 时 刻			
	天亮	04 时 55 分	天黑	19 时 31 分
	日出	05 时 24 分	日没	19 时 02 分

今日历史气候值		
日平均气温	16.4 ℃	
日平均最高气温	22.1 ℃	
日平均最低气温	10.6 ℃	
日极端最高气温	29.1 ℃	（1981 年）
日极端最低气温	3.1 ℃	（1980 年）
日最大降水量	40.4 毫米	（1979 年）
日最大风速	13.0 米 / 秒	（1974 年）

【气象与农事】

常见花卉的习性与花期（五）

蟹爪兰：喜潮湿、阴凉环境，怕强光曝晒。冬季室温 10 ～ 15 ℃左右适宜，花期 11 月至来年 3 月。

玻璃翠：喜温暖潮湿气候，怕积水和雨淋。冬季室温要保持 5 ～ 10 ℃，谷雨后出室。管理得当，可常年开花。

万年青：喜阳光，但忌烈日曝晒。适宜砂质和腐质土壤，不宜过量浇水。花期 5—6 月。

仙人掌：对干旱有很强忍受能力，容易管理。适宜通气良好的沙土或沙壤土。夏季要遮阴，防日灼。仙人掌种类繁多，多数 5—6 月开花。

文竹：四季常青观叶花卉。夏季要遮阴，冬季置温暖室内。盆土透水性能要求良好，保持湿润即可，不可过湿。

萱草：喜阳光和湿润环境。喜肥、喜水，但不宜过量。花期 5—6 月。

4 月 26 日	--------------- 天 文 时 刻 ---------------			
	天亮	04 时 53 分	天黑	19 时 32 分
	日出	05 时 23 分	日没	19 时 03 分
今日历史气候值				
日平均气温	16.5℃			
日平均最高气温	22.4℃			
日平均最低气温	10.3℃			
日极端最高气温	32.2℃	（1981 年）		
日极端最低气温	1.4℃	（1979 年）		
日最大降水量	27.4 毫米	（1983 年）		
日最大风速	12 米 / 秒	（1972 年）		

【气象与健康】

春风里的隐患（一）

时下，正是草长莺飞，桃红李白的季节，也是久居都市的人们郊游赏花的大好时机。然而，当你置身于百花盛开的郊外，陶醉于生机盎然的春色之中时，是否想到过，在这温暖怡人的春风中，还有一种危害人体健康的隐患，这就是"花粉"。

花粉是雄性生殖细胞，每当春天和夏末秋初之际，在风媒的作用下，在空气中大量漂浮。有些人在呼吸过程中吸入花粉后，便会产生过敏反应，医学上称之为"花粉症"。它的临床表现主要是流鼻涕、流眼泪、打喷嚏、鼻痒、眼及外耳道奇痒等，这些症状常被人误认为感冒。严重者会出现胸闷、憋气并诱发气管炎、支气管炎、肺心病等，令人痛苦不堪。北京春季常见的花粉很多，如杨树、白蜡树、柳树、臭椿、榆树、构树等，其中白蜡树和臭椿是重要的致敏花粉。

4 月 27 日	——————— 天 文 时 刻 ———————		
	天亮	04 时 52 分	天黑	19 时 33 分
	日出	05 时 21 分	日没	19 时 04 分

今日历史气候值		
日平均气温	17.1℃	
日平均最高气温	23.0℃	
日平均最低气温	10.4℃	
日极端最高气温	33℃	（1988 年）
日极端最低气温	1.5℃	（1984 年）
日最大降水量	9.6 毫米	（1980 年）
日最大风速	15 米 / 秒	（1977 年）

【气象与健康】

春风里的隐患（二）

花粉症的发生虽然有地区性和季节性的特点，但气象条件是影响花粉播散的重要因素。一般来说，播粉期雨水会阻碍花粉的扩散，在雨过天晴的天气出行，既可以尽情赏花又避开了花粉扩散高峰。而在干热、有风的天气里，花粉症患者则应尽量减少外出，更不要到树木花草多的公园或野外，多在室内活动，并应关闭门窗。开窗时，应挂湿窗帘，以阻挡或减少花粉侵入。在花粉高峰期，外出时应戴口罩，尽量减少皮肤外露，这样可以明显地缓解症状。

北京市气象局在北京协和医院及北京同仁医院有关专家指导下，于1998 年 4 月开始，在北京开展了花粉监测工作，并通过有关媒体向社会公布逐日的花粉监测结果，广大市民特别是花粉症患者，可以从中了解近期主要的花粉种类、花粉浓度和分布情况，安排自己的出行。

4 月 28 日

天亮	04 时 50 分	天黑	19 时 35 分
日出	05 时 20 分	日没	19 时 05 分

今日历史气候值

日平均气温	17.0 ℃	
日平均最高气温	22.7 ℃	
日平均最低气温	11.4 ℃	
日极端最高气温	31 ℃	（1972 年）
日极端最低气温	4.3 ℃	（1984 年）
日最大降水量	11.2 毫米	（1998 年）
日最大风速	18.7 米 / 秒	（1978 年）

【气象与健康】

室内体育运动和气象条件

多年来，体育与气象界的专家们一般都认为室内体育运动是不受外界气象条件影响的。然而，今天以新的眼光来分析，上述看法就不够全面了。虽然室内风受到控制（相对而言），但气温、湿度与气流还是在变化的。细微的气流要符合以下三个原则：一是不影响运动员的舒适度；二是不影响观众的舒适度；三是不影响球和箭的弹性和投射。例如，美国体育协会根据长期实践和分析，对许多项目规定了一个适宜的气温范围。射箭、拳击、网球、柔道、射击等项目的适宜气温为 13 ～ 16 ℃；篮球、壁球为 10 ～ 13 ℃，羽毛球为 7 ℃。据后人的继续深入研究，发现体操运动员在室内比赛初级者最适宜气温为 17 ℃，对高级者最适宜气温则是 13 ～ 14 ℃，等等。

4 月 29 日	天 文 时 刻			
	天亮	04 时 48 分	天黑	19 时 36 分
	日出	05 时 19 分	日没	19 时 07 分

今日历史气候值		
日平均气温	17.5 ℃	
日平均最高气温	23.1 ℃	
日平均最低气温	11.6 ℃	
日极端最高气温	31.1 ℃	（1972 年）
日极端最低气温	4.4 ℃	（1980 年）
日最大降水量	15.4 毫米	（2002 年）
日最大风速	18.3 米 / 秒	（1978 年）

【气象与健康】

跑步与气象

跑步是人们喜爱的体育运动，视不同天气每天坚持跑步，既锻炼意志，又增强体质。

冷天跑步：冷天气温较低，体表的血管遇冷收缩，血流缓慢，肌肉的黏滞性增高，韧带的弹性和关节的灵活性降低，在跑步前要充分做好准备活动，防止发生运动损伤。此外，冷天跑步还要注意身体、手、耳的保暖，防止冻伤。

热天跑步：热天气温高，如果跑步方法不当很容易中暑。炎热天气跑步最好选择较凉快的清晨和傍晚。白天跑步应尽量避开强阳光的直射，戴上草帽，防止日射病。

风天跑步：风天跑步会感到呼吸费力，上不来气，这时应掌握好呼吸的节奏和深度，不要张口吸气，以防止冷风刺激咽喉和气管，引起咳嗽。若风太大，尘土飞扬，可改在室内运动。

4 月 30 日	天 文 时 刻			
	天亮	04 时 47 分	天黑	19 时 37 分
	日出	05 时 17 分	日没	19 时 08 分

今日历史气候值		
日平均气温	18.6℃	
日平均最高气温	24.7℃	
日平均最低气温	12.7℃	
日极端最高气温	31.5℃	（1981 年）
日极端最低气温	5.2℃	（1979 年）
日最大降水量	32.5 毫米	（1990 年）
日最大风速	13.7 米 / 秒	（1972 年）

【气象与健康】

医疗气象

现代医疗气象学研究表明，天气气候与药物疗效确有密切的关系。气象因素可使药物产生不同反应，即使同一种药物，同一浓度给同一人使用，在不同的天气气候条件下，可以产生完全不同的反应和效果。如果在冬天，人体血液中的血红蛋白增多，血压升高；而在夏天，血压则会降低。如果夏天给同一高血压患者服用降压药物仍沿用冬天的剂量，就会引起因药物过量而产生的副作用。

医疗气象研究认为，能影响药物反应的气象因素，主要有气温、气压、湿度、紫外线等，这些气象因素可影响细胞膜的通透性以及细胞对药物吸收的速度。

气象北京365 —— 5月份

5月1日	————— 天 文 时 刻 —————			
	天亮	04 时 46 分	天黑	19 时 38 分
	日出	05 时 16 分	日没	19 时 09 分

今日历史气候值		
日平均气温	18.3 ℃	
日平均最高气温	24.4 ℃	
日平均最低气温	12.8 ℃	
日极端最高气温	32.2 ℃	（2010 年）
日极端最低气温	5.1 ℃	（1978 年）
日最大降水量	20 毫米	（1990 年）
日最大风速	12.7 米 / 秒	（1971 年）

【气候】

北京 5 月气候概况

本月气候温和宜人，处处绿树成荫，百花盛开，是出行赏春的大好时机。

气温通常在 13 ～ 27 ℃之间，平均气温为 20.8 ℃，但早、晚还稍有凉意。历史上，5 月份最高气温达到 41.1 ℃（2014 年 5 月 29 日），最低气温 2.5 ℃（1965 年 5 月 2 日）。

本月多晴朗天气，光照充足，对作物生长有利。月降水量增加到 37.3 毫米，降水日数 6.4 天。雷阵雨天气逐渐增多，偶尔有冰雹发生，但强度一般较弱。

大风天气比 4 月份明显减少，大风日数为 2.0 天，沙尘日数为 3.3 天。

5月2日	---------------天文时刻---------------			
	天亮	04 时 44 分	天黑	19 时 39 分
	日出	05 时 14 分	日没	19 时 10 分

今日历史气候值		
日平均气温	18.3℃	
日平均最高气温	24.0℃	
日平均最低气温	12.4℃	
日极端最高气温	32.6℃	（2010 年）
日极端最低气温	2.5℃	（1965 年）
日最大降水量	7.6 毫米	（1994 年）
日最大风速	14 米 / 秒	（1981 年）

【气象知识】

医疗气象学

人类生活在被大气包围的地球上的，时序上的寒暑往来，形成了气象万千的自然现象。它们时而天高云淡、晴空万里、艳阳微风；时而乌云翻滚、风雨交加、电闪雷鸣；时而北风呼啸，大雪纷纷、寒流滚滚，这些天气和气候的变幻不仅影响了人类的生产和生活，也和人类的健康息息相关。

影响人体健康的因素是多方面的，气象条件就是关系健康的物理因素之一。例如气温高、湿度大可以使人中暑；寒冷易使人发生冻伤，还会诱发诸如感冒、支气管炎、心脑血管等疾病。因此近年来，一门新的边缘学科正在兴起，那就是医疗气象学，医疗气象学是专门研究天气气候影响人体健康的一门科学，它的研究目的是为了保护人们免受不良气象条件的影响，利用有利的气象条件来增强体质、防治疾病，因此它深受人们的欢迎。

5月3日	——————— 天 文 时 刻 ———————			
	天亮	04 时 43 分	天黑	19 时 40 分
	日出	05 时 13 分	日没	19 时 11 分

今日历史气候值		
日平均气温	18.8℃	
日平均最高气温	24.8℃	
日平均最低气温	12.3℃	
日极端最高气温	33℃	（2012 年）
日极端最低气温	5.9℃	（1987 年）
日最大降水量	38.9 毫米	（2008 年）
日最大风速	14.7 米 / 秒	（1982 年）

【气象与健康】

紫外线照射与身体健康

上班族每天都是两点一线的生活，大部分时间都在室内，容易导致紫外线照射不足。人体对紫外线的敏感度春天最高，如果那时紫外线还不足，就不能满足身体对紫外线的需要了。紫外线可促进体内维生素 D 的合成，维生素 D 促进骨骼生长，缺少它就会患佝偻病。纵然到不了这种程度，紫外线不足也会使身体出现各种疾病。俗话说"太阳不来医生来"，一天之中，如果人接受紫外线的照射时间不足 20 分钟，那就会有紫外线供应不足的危险。此外，紫外线还有杀菌作用，每天坚持到户外晒太阳，既可以锻炼身体，又能预防流行传染病。

5月4日	───────── 天 文 时 刻 ─────────			
	天亮	04 时 42 分	天黑	19 时 41 分
	日出	05 时 12 分	日没	19 时 12 分

今日历史气候值		
日平均气温	19.4℃	
日平均最高气温	25.3℃	
日平均最低气温	13.0℃	
日极端最高气温	33℃	（2012 年）
日极端最低气温	2.6℃	（1976 年）
日最大降水量	4.7 毫米	（2010 年）
日最大风速	14 米 / 秒	（1980 年）

【气象知识】

干热风

　　干热风亦称"干旱风"，俗称"火南风"或"火风"，是在高温、低湿和一定风力的天气条件下影响作物生长发育造成减产的灾害性天气。干热风时，温度明显升高，湿度显著下降，蒸腾加剧，根系吸水不及，往往导致小麦灌浆不足，秕粒严重甚至枯萎死亡。中国华北、西北和黄淮地区春末夏初期间都有出现，以干燥、高温危害为主。对于干热风危害的气象指标，研究结果因地而异，一般来说，轻干热风为日最高气温 29 ～ 34℃，14 时相对湿度 25% ～ 35%，14 时风速 2 ～ 3 米 / 秒。重干热风为日最高气温 32 ～ 36℃，14 时相对湿度 20% ～ 30%，14 时风速 2 ～ 4 米 / 秒。

5月5日	———————— 天文时刻 ————————			
	天亮	04时40分	天黑	19时42分
	日出	05时11分	日没	19时13分

今日历史气候值		
日平均气温	19.1℃	
日平均最高气温	25.0℃	
日平均最低气温	13.6℃	
日极端最高气温	31.1℃	（1995年）
日极端最低气温	4.2℃	（1976年）
日最大降水量	12.8毫米	（1992年）
日最大风速	13米/秒	（1982年）

【气候】

立　夏

每年5月6日前后，当太阳到达黄经45°时，为立夏节气。据《月令七十二候集解》载："立，建始也。……夏，假也，物至此时皆假大也。"立夏表明夏季正式开始，这时暮春方去，新暑初回，万物生长，欣欣向荣。

立夏过后，江南正式进入雨季，雨量、雨日均明显增多。有的地区冬小麦到立夏已趋黄熟，有所谓"麦过立夏黄"之说，另有些地区此时忙于种棉。有"谷雨早，小满迟，立夏种棉正当时"的谚语，因此这一节气也是农村忙碌的时间。

5月6日	—————— 天 文 时 刻 ——————			
	天亮	04 时 39 分	天黑	19 时 43 分
	日出	05 时 10 分	日没	19 时 14 分

今日历史气候值		
日平均气温	19.6℃	
日平均最高气温	25.5℃	
日平均最低气温	13.1℃	
日极端最高气温	32.3℃	（2007 年）
日极端最低气温	3.5℃	（1979 年）
日最大降水量	9.9 毫米	（1992 年）
日最大风速	11 米 / 秒	（1987 年）

【其他】

太阳，一个巨大的氢反应堆

影响天气的最主要因素是太阳，它是一个巨大的反应堆，聚变使氢"燃烧"并把氢转变成氦。在此过程中太阳的一部分物质转化为能量，并辐射出去。

为了使这个核反应堆燃烧，太阳每秒钟要消耗自身质量约 360 万吨。太阳已按这个速率消耗有 50 亿年了，以现有速度消耗，太阳的资源还可以维持 50 亿年之久。如果太阳的热量下降 13％，估计全球将很快被一层 1.6 千米厚的冰所覆盖，如果太阳的热量增加 30％，那么，地球表面上的任何生物将被燃烧得一点儿不剩。

5月7日	天文时刻			
	天亮	04时38分	天黑	19时44分
	日出	05时08分	日没	19时15分

今日历史气候值		
日平均气温	20.1℃	
日平均最高气温	26.4℃	
日平均最低气温	13.9℃	
日极端最高气温	35.7℃	（1986年）
日极端最低气温	5.7℃	（1979年）
日最大降水量	21.9毫米	（1973年）
日最大风速	11.6米/秒	（2005年）

【其他】

太阳黑子是什么

太阳黑子是光辉夺目的太阳表面上的一些黑色斑点。这些斑点显得"黑"是温度稍低的缘故，因而发出的光也较少。

太阳黑子表明太阳表面下有几个强磁活动地区。这种磁力突破其表面，不显眼地向空间拱起。太阳内部深层处的原子反应使光球增温。但磁场封住了一部分热量，使黑子的中心温度只有1500多度，低于太阳表面上的其他地区。黑子常成群出现，往往发展成为两个具有相反磁极的大黑子；黑子生存时间平均约1天，但少数大黑子可以存在数月。黑子数的多寡平均以11年为周期。大黑子群出现以后，地球上往往发生磁暴和电离层扰动现象。我国在汉成帝河平元年（公元前28年）就有了世界公认最早的正确的太阳黑子记录。

5月8日	————————— 天文时刻 —————————			
	天亮	04时36分	天黑	19时46分
	日出	05时07分	日没	19时16分
今日历史气候值				
日平均气温	20.1℃			
日平均最高气温	26.0℃			
日平均最低气温	13.9℃			
日极端最高气温	31.5℃	（2012年）		
日极端最低气温	7.7℃	（1997年）		
日最大降水量	13.4毫米	（2011年）		
日最大风速	11米/秒	（1973年）		

【其他】

太阳黑子与气象

我国有两千多年太阳黑子的记录，经分析，呈11年的周期性，与我国水、旱、寒年份相关很好，它们出现在太阳黑子极大年附近，太阳黑子极小的年份往往出现大范围的多雨时期。

太阳黑子的周期是从1755年极小作为第一周期的开始，通常从极小经3～4年后达到黑子数的极大值，到极大后黑子数下降减慢，大约要经过7年才下降到极小，再开始下一周期。在单数周期我国气候由冷转暖，而双数周期则由暖变冷，因此它的周期应当是22年。

从树木年轮和它含C_{14}的放射性的分析表明，它有11年和22年的短周期，还有80年、200年等中等周期和8000年的长周期。

5月9日	天 文 时 刻			
	天亮	04 时 35 分	天黑	19 时 47 分
	日出	05 时 06 分	日没	19 时 17 分

今日历史气候值		
日平均气温	19.0℃	
日平均最高气温	24.6℃	
日平均最低气温	13.9℃	
日极端最高气温	31.7℃	（1980 年）
日极端最低气温	5.8℃	（1978 年）
日最大降水量	6 毫米	（2000 年）
日最大风速	10 米 / 秒	（1986 年）

【其他】

有关太阳的数据

太阳是银河系中一个普通的恒星。但是，在同地球的关系上，不同于一般的恒星。太阳在天球上有每年巡天一周的现象，叫作周年视运动，而一般的恒星都有稳定的相对位置，都属于一定的星座；太阳光到达地球只需要 8 分钟，而其他最邻近的恒星光线到达地球需要 4.3 年的时间；太阳在天空中是一个圆面，其视半径约 16′，而其他恒星在天空都表现为光点；除太阳外，天空中最明亮的恒星是一等星，太阳比一等星亮 1300 万万倍。

5 月 10 日	天 文 时 刻			
	天亮	04 时 34 分	天黑	19 时 48 分
	日出	05 时 05 分	日没	19 时 18 分

今日历史气候值		
日平均气温	19.0℃	
日平均最高气温	24.4℃	
日平均最低气温	13.6℃	
日极端最高气温	31.2℃	（1971 年）
日极端最低气温	7.2℃	（1995 年）
日最大降水量	5.5 毫米	（1976 年）
日最大风速	14.0 米 / 秒	（1976 年）

【其他】

太阳能应用技术

太阳能是取之不尽的可再生能源,关键在于"取"之有术。就目前而言,基本上太阳能应用技术有光–电技术与光–热技术两大类。

光–电技术是把太阳光的能量通过半导体材料转化成直流电的"光伏技术",又称光伏电池或太阳能电池。当光子进入半导体中,电子被释放,产生了直流电,常用的半导体材料是单晶硅、非晶硅、多晶硅、镉、碲、铟等。把太阳能转化成电能的光伏效率是关键技术。

太阳能集热,也就是利用光 – 热转化,是当今利用太阳能最普及的技术。按太阳能加热的温度可分为低、中、高三等;按集热器的类型可分抛物面槽式系统、中央集热器、抛物面碟式系统三类;按集热方式可分水加热、空间加热、过程加热三种。

太阳能是真正意义上的环保能源,加之能源丰富、分布相对均衡,不需要运输,不产生排放废物,目前得到了大力地发展。

5月11日	——————— 天 文 时 刻 ———————			
	天亮	04 时 33 分	天黑	19 时 49 分
	日出	05 时 04 分	日没	19 时 19 分

今日历史气候值		
日平均气温	18.9℃	
日平均最高气温	24.6℃	
日平均最低气温	13.7℃	
日极端最高气温	31.8℃	（1991 年）
日极端最低气温	6.8℃	（1979 年）
日最大降水量	11.8 毫米	（2008 年）
日最大风速	21.3 米 / 秒	（1976 年）

【气象知识】

日 食

月球运动到太阳和地球中间，如果三者正好处在一条直线时，月球就会挡住太阳射向地球的光，月球身后的黑影正好落到地球上，这时发生日食现象。月球把太阳全部挡住时发生日全食，遮住一部分时发生日偏食，遮住太阳中央部分发生日环食。

当出现日全食现象时，在地球上月影（投射到地球上产生的影子）里的人们开始看到阳光逐渐减弱，太阳面被圆的黑影遮住，天色转暗，全部遮住时，天空中可以看到最亮的恒星和行星，几分钟后，从月球黑影边缘逐渐露出阳光，开始发光、复圆，在民间传说中，称此现象为"天狗食日"。

5月12日	天 文 时 刻			
	天亮	04 时 32 分	天黑	19 时 50 分
	日出	05 时 03 分	日没	19 时 20 分

今日历史气候值		
日平均气温	19.1℃	
日平均最高气温	24.3℃	
日平均最低气温	13.9℃	
日极端最高气温	30.6℃	（1987 年）
日极端最低气温	7.1℃	（1979 年）
日最大降水量	16.9 毫米	（1983 年）
日最大风速	10.0 米 / 秒	（1989 年）

【气象知识】

从传说到太阳能电站

据说，在 2200 多年前，古罗马帝国派舰队攻打地中海西西里岛东部的锡腊库扎，当时希腊著名物理学家阿基米德也在岛上，他发动全城的妇女拿着自己锃亮的铜镜来到海岸边，烈日当空，不计其数的妇女把镜子的反射光投到了船帆上，不一会儿，舰船起火，罗马人大败而归。

在这一传说的启发下，1980 年西西里岛卡塔尼亚省政府在阿德拉诺镇建造了一个太阳能发电站，180 面特大玻璃镜"组成"了总面积达 6200 多平方米的巨大广场。由它们反射的阳光都自动聚集到广场中心的中央塔上，塔顶接收器接收太阳光，加热锅炉里的水，产生高达 500℃、约 64 个大气压的高温高压蒸汽，推动涡轮机发电，它的发电能力达 1000 千瓦。

5月13日	——————— 天 文 时 刻 ———————			
	天亮	04时31分	天黑	19时51分
	日出	05时02分	日没	19时21分

今日历史气候值		
日平均气温	20.0℃	
日平均最高气温	25.4℃	
日平均最低气温	13.6℃	
日极端最高气温	33.2℃	（2007年）
日极端最低气温	5.2℃	（1976年）
日最大降水量	13.6毫米	（2012年）
日最大风速	16.3米/秒	（1972年）

【气象知识】

卫星的"翅膀"

人造卫星上，有两扇巨大的"翅膀"，其上的"窗格"装有深色玻璃的"小镜"，这些"翅膀"和"小镜"，共同组成太阳电池帆板。

太阳能电池是一块很薄很小的半导体，它的诞生，经历了大约80年的历程。

1876年，英国两位科学家在研究硒半导体材料时偶然发现，硒经太阳光一照，竟能产生出电流来，尽管它的光电转变效率只有1%左右，但是，它可以认为是最早的太阳能电池的"坏胎"。由于硒光电效率太低，一直被冷落下来，经过近80年的孕育，1954年，美国贝尔实验室在研究硅半导体时又惊奇地发现，当在硅中掺入一定的微量杂质后，经太阳光一照，也能产生电流，而且光电转变效率达到10%左右。就在这一年，贝尔实验室把硅半导体晶体切成薄片，在硅片的正面和背面分别涂上少量的硼和砷，于是，太阳能电池终于从坏胎发育成婴儿降生了。

5月14日	天 文 时 刻			
	天亮	04时30分	天黑	19时52分
	日出	05时01分	日没	19时22分

今日历史气候值		
日平均气温	20.2℃	
日平均最高气温	26.0℃	
日平均最低气温	14.5℃	
日极端最高气温	32.7℃	（2007年）
日极端最低气温	4.1℃	（1977年）
日最大降水量	27.1毫米	（1992年）
日最大风速	15.0米/秒	（1972年）

【气象知识】

中国第一颗试验气象卫星

1988年9月7日，在太原卫星发射中心，中国发射了第一颗试验气象卫星——风云一号，这一成功标志着我国航天技术达到新水平，它提高了我国天气预报的时效性、准确性以及监测灾害性天气的能力。气象卫星从外层空间对地球及大气层进行气象观测。风云一号为极地轨道（太阳同步轨道）卫星，它经过地球南北极运行，每天如太阳一样自东向西，在相同的时间经过同一地区，扫描覆盖面宽，可俯视整个地球表面，所安装的两台扫描辐射仪，利用遥感技术通过5个探测通道向地面输送红外云图、地表图像、海洋水色图像、水体边界、海洋表面温度、冰雪覆盖及植被生长等情况，为了解大自然提供了有效的手段。

5月15日	------------ 天 文 时 刻 ------------			
	天亮	04时29分	天黑	19时53分
	日出	05时00分	日没	19时23分

今日历史气候值		
日平均气温	20.4℃	
日平均最高气温	26.3℃	
日平均最低气温	14.0℃	
日极端最高气温	34.2℃	（1994年）
日极端最低气温	6℃	（1977年）
日最大降水量	6.1毫米	（1981年）
日最大风速	18.0米/秒	（1976年）

【气象与生活】

槐花香，夏天到

物候学上把槐花盛开定为一年中夏季的开始，也称槐花为"报夏花"。物候学是研究环境对动物植物生长发育影响的科学，竺可桢先生是我国物候学的创始人。所谓"五月槐花香"，即北京每年的五月中下旬槐花进入开花期，也就是说北京进入夏季了。这时的平均气温在20～22℃之间。气候学上划分夏季的标准是连续5天的平均气温稳定通过22℃，这和槐花的开花期基本吻合。

但是若春季气温偏高，会影响到春天的花儿，作为夏季开始标志的槐树花也会受到影响。

5 月 16 日	------------- 天 文 时 刻 -------------			
	天亮	04 时 28 分	天黑	19 时 54 分
	日出	04 时 59 分	日没	19 时 24 分
今日历史气候值				
日平均气温	20.8 ℃			
日平均最高气温	26.4 ℃			
日平均最低气温	14.9 ℃			
日极端最高气温	33.8 ℃	（1982 年）		
日极端最低气温	6.3 ℃	（1980 年）		
日最大降水量	25.4 毫米	（2004 年）		
日最大风速	12.0 米 / 秒	（1971 年）		

【气象知识】

高纬度奇景——极光

当极夜降临的时候，极地天空中，常常燃烧着游动的彩色光带——极光。极光常常出现于高纬度地区上空，受来自地球磁层和太阳的高能带电粒子流（太阳风）使高层大气分子或原子激发（或电离）而产生，一般呈带状、弧状、幕状、放射状，这些形状有时稳定有时连续变化。在自然界里，再没有比极光更绚丽、更迷人的奇观了。我国黑龙江漠河附近一带，也出现过少见的极光。当天空突然间升腾起一团霞光，然后变成弧形光带时，瑰丽的光弧映红了夜空。

在近极地区，人们一年可以看到几十次极光。它变幻莫测，绮丽多样。

5 月 17 日	天 文 时 刻			
	天亮	04 时 27 分	天黑	19 时 55 分
	日出	04 时 59 分	日没	19 时 25 分

今日历史气候值		
日平均气温	20.4℃	
日平均最高气温	26.7℃	
日平均最低气温	14.1℃	
日极端最高气温	35.8℃	（2001 年）
日极端最低气温	6.0℃	（1980 年）
日最大降水量	31.5 毫米	（2005 年）
日最大风速	13.4 米 / 秒	（2001 年）

【气象知识】

极光是谁点燃的

极光是谁点燃？这长期以来都是个不解的迷团。最早对极光做出科学解释的是挪威科学家柏克兰，他于 1896 年提出，太阳连续不断向地球放射功率极大的质点（每颗含有等于 1000 伏特的电力），它们在地球外被一层覆盖地球的磁场挡住，便散向地球四周，寻觅空隙，结果只有 1%钻入极地大气层，同气体分子相遇，激发出极光。氧发出绿色和红色的光，氮发出紫色的光，氩发出蓝色的光，氖发出红色的光。特别强大的电子流是从"太阳黑子"区发射出来的，它时多时少，周期约 11 年。太阳黑子最多的一年，极光就变得最多、最强。地球是一块巨大的磁石，它周围有磁场，而它的两个磁极，就在地球南北极附近。地球磁场使太阳射出来的电子流，总是偏向南北两个磁极，正因为这样，极光大都出现在极区上空。

5 月 18 日	———————— 天 文 时 刻 ————————			
	天亮	04 时 26 分	天黑	19 时 56 分
	日出	04 时 58 分	日没	19 时 25 分

今日历史气候值		
日平均气温	21.0℃	
日平均最高气温	27.3℃	
日平均最低气温	14.9℃	
日极端最高气温	35.6℃	（2009 年）
日极端最低气温	9.8℃	（2008 年）
日最大降水量	18.4 毫米	（1989 年）
日最大风速	16.0 米 / 秒	（1972 年）

【气象知识】

多彩的虹霓

　　雨后初霁我们常常会看见天上出现美丽的七色彩虹。虹是夏日雨后夕阳西下时在东方天空最常见到的大气光学现象，是太阳光被水滴折射或反射形成的，色序排列是内紫外红。一般而言，雨滴越大，虹的色彩就越鲜艳明亮，当雨滴的直径在 1～2 毫米时，紫色和绿色的光环特别鲜明，红色光环也很纯净。当雨滴平均直径小于 0.05 毫米时，则出现淡白色的光环，称为白虹。因为在同一时刻，空中雨滴的大小并不完全一致，因此在同一虹中，甚至同一彩色光环中，它的彩色和亮度也有差异。

　　有时在主虹的外侧，还能看到第二个同心光环，称为霓，亦称副虹。霓的色序与主虹相反，即外紫内红。

5 月 19 日	---------------- 天 文 时 刻 ----------------			
	天亮	04 时 25 分	天黑	19 时 57 分
	日出	04 时 57 分	日没	19 时 26 分

今日历史气候值		
日平均气温	22.2℃	
日平均最高气温	28.5℃	
日平均最低气温	15.3℃	
日极端最高气温	38.1℃	（2001 年）
日极端最低气温	7.8℃	（1975 年）
日最大降水量	22 毫米	（1995 年）
日最大风速	11.3 米 / 秒	（1972 年）

【气象知识】

晕（yùn）

当日光或月光透过云中的冰晶发生折射或反射时，便会在太阳或月亮周围产生七色彩环，这种彩色光环称为日晕或月晕，统称为晕。晕是一种常见的光学现象，其色序是内红外紫，它们呈环状、弧状、柱状或亮点状，统称大气晕族。天空中有时会同时出现三四个太阳，或者显现着光柱、光十字和水平光环等奇景。

在不同的晕中，假日是一种十分罕见的现象，因为出现这种怪晕的条件比较严格，如假日形成时，要求冰晶形状是正六角形的，且要垂直悬浮，这些条件一般很难满足，罕见的原因也在于此。

晕对天气有一定指示意义，往往出现在系统天气的前部，谚语中"日晕三更雨，月晕午时风"，讲的就是晕与风雨的关系。

5 月 20 日	----------- 天 文 时 刻 -----------			
	天亮	04 时 24 分	天黑	19 时 58 分
	日出	04 时 56 分	日没	19 时 27 分

今日历史气候值		
日平均气温	22.1℃	
日平均最高气温	28.3℃	
日平均最低气温	15.8℃	
日极端最高气温	35.0℃	（2001 年）
日极端最低气温	8.6℃	（1972 年）
日最大降水量	6.4 毫米	（1988 年）
日最大风速	13 米 / 秒	（1976 年）

【气象与农事】

气象与农事（5月）

本月小麦处于抽穗开花灌浆期，应重点关注的气象要素包括：土壤相对湿度在 70% 以下；打药前三天无明显降水；风力＜ 3 级。

本月春玉米处于播种期，主要农业灾害是春旱（3—5 月降水量 45 毫米以下，土壤相对湿度 50% 以下）和播种期低温（日平均气温 10℃ 以下），会影响春玉米出苗甚至导致死苗。当土壤已严重缺墒而不适宜播种时，则要等雨播种。山区春玉米应在 5 ～ 10 厘米地温稳定达到 10℃ 以上，土壤含水量达到 14% 左右时，尽早进行抢墒播种。若墒情较低则等雨播种。等雨播种的土壤墒情与降雨指标是：土壤含水量约 11% 时，降水量须达到 7 毫米以上；若土壤含水量为 9%，降水量须达 14 毫米以上。抢墒播种应深耕浅覆土，使种子点在湿土上，播后镇压，确保种子与湿土接触。

5月21日	------------- 天 文 时 刻 ---------------			
	天亮	04时23分	天黑	19时59分
	日出	04时55分	日没	19时28分

今日历史气候值		
日平均气温	22.1℃	
日平均最高气温	28.2℃	
日平均最低气温	15.4℃	
日极端最高气温	34.8℃	（1982年）
日极端最低气温	5.7℃	（1976年）
日最大降水量	15.3毫米	（1998年）
日最大风速	10.0米/秒	（1976年）

【气候】

小　满

据《月令七十二候集解》载："小满者，物至于此小得盈满。"《洛遵宪度抄本·二十四节气解》云："小满将满，犹未至极也。"说明麦类等夏熟作物这时籽粒开始饱满，但还未成熟的意思。小满一般在5月21日前后，当太阳到达黄经60°时，正值黄河流域麦类作物的乳熟期，故得此名。

小满节气正处江南雨季高峰，正常情况，江满河满，如果不满必是遇到干旱少雨年。这方面的谚语很多，都被用作预测后期天气的指标。如"小满晴，雨水少；小满阴，雨水多""小满有雨雨水足，小满无雨旱五谷"等等，说法虽然不一，意思却相同。

5 月 22 日	———— 天 文 时 刻 ————			
	天亮	04 时 23 分	天黑	20 时 00 分
	日出	04 时 55 分	日没	19 时 29 分

今日历史气候值		
日平均气温	22.4℃	
日平均最高气温	28.5℃	
日平均最低气温	15.9℃	
日极端最高气温	34.2℃	（2001 年）
日极端最低气温	9.1℃	（1972 年）
日最大降水量	33.4 毫米	（2007 年）
日最大风速	9.1 米 / 秒	（1993 年）

【历史个例】

严重的海啸灾害

由于地震或风暴而造成的海面巨大涨落现象，叫海啸。地震海啸为地震引起的海水波动现象，具有极大的波速，周期 15 ～ 60 分钟，波长可达数百千米。其高度在外海并不显著，当传至近岸时，因水深减小，高度可达十余米，常常造成人畜伤亡及财产损失。

1960 年 5 月 22 日，智利中部太平洋深海沟发生大地震，产生最大波浪高达 25 米的大海啸，海浪还以 640 千米时速横扫过太平洋，夏威夷波高 10 余米，苏联太平洋沿岸波高 6.7 米，日本波高 6.5 米，其中日本伤亡 340 人，冲毁房屋 3259 栋，沉船 109 艘。这是世界上影响范围最广的地震海啸。

2004 年 12 月 26 日发生的印度洋大地震和海啸，2005 年 1 月 10 日为止的统计数据显示，已经造成 15.6 万人死亡，这可能是世界近 200 多年来死伤最惨重的海啸灾难。

5月23日	———————— 天 文 时 刻 ————————			
	天亮	04时22分	天黑	20时01分
	日出	04时54分	日没	19时29分

今日历史气候值		
日平均气温	22.7℃	
日平均最高气温	29.0℃	
日平均最低气温	16.1℃	
日极端最高气温	35.0℃	（2010年）
日极端最低气温	8.3℃	（1974年）
日最大降水量	9.4毫米	（2007年）
日最大风速	11.3米/秒	（1989年）

【气象与健康】

空气湿度对人体的影响

气温适中时，空气湿度的变化对人体影响不明显。例如，当气温16或17℃时，相对湿度改变50%，额部皮肤温度只变化0.2℃。但是随着气温的升高或降低，湿度对人体的影响则越来越显著。

温度高、湿度大时，人体蒸发散热慢，体温会升高，脉搏也加快，感到闷热难受。在闷热日里，人们食欲减退，白天不能安心工作，夜间不能很快入眠，对身体影响较大。有人做过统计，单从气温来看，与中暑关系并不很密切，但当气温高于36℃，相对湿度大于50%时，中暑人数则显著增多。

低温时，湿度越大，人的感觉越冷。因为潮湿的衣服、被褥导热性强，保暖能力下降。另外，衣服吸收的水分依靠体热蒸发，使人体散热加快。江南冬季虽然气温并不低，但由于阴雨天气多，使人感到透心的冷。

5月24日	─────── 天 文 时 刻 ───────			
	天亮	04 时 21 分	天黑	20 时 02 分
	日出	04 时 53 分	日没	19 时 30 分

今日历史气候值		
日平均气温	22.6℃	
日平均最高气温	28.2℃	
日平均最低气温	17.0℃	
日极端最高气温	33.4℃	（2000 年）
日极端最低气温	9.0℃	（1974 年）
日最大降水量	34.7 毫米	（1994 年）
日最大风速	12.3 米 / 秒	（1976 年）

【气象与健康】

低温对人体的影响

寒冷的环境下，人体可通过增加产热或减少散热来达到体温的恒定。当神经感受器感知气温下降时，即能使耳、鼻、足、手等处的皮肤血管收缩，静脉压上升，毛细管动脉及静脉的吻合处开放，以使四肢感到温暖。但皮下血管收缩形成的隔热层并不能达到减少散热的要求，当皮肤温度降低，血液的温度亦降低，降低了温度的血液流经下丘脑时，调节装置即能反射使肌肉增加张力来产热，这就是我们在寒冷时出现颤抖的原理。此外，还能通过增加肝脏代谢，并使甲状腺及肾上腺功能加强来增加产热。

人体对于低温的耐力是很有限的，在 10 ℃，而且风较大，手的皮肤温度会慢慢降低，当手的皮肤温度降到 15.5 ℃以下时，手的操作灵活性下降特别明显。极冷的低温，很短时间内就可以使人冻僵或冻伤，在 −14 ℃以下的低温中，裸露的手指就会冻伤，−5 ℃以下的低温至少可以使手指冻痛。

5月25日	————— 天 文 时 刻 —————			
	天亮	04时20分	天黑	20时03分
	日出	04时53分	日没	19时31分
今日历史气候值				
日平均气温	22.1℃			
日平均最高气温	27.9℃			
日平均最低气温	16.5℃			
日极端最高气温	33.5℃	（1989年）		
日极端最低气温	11.4℃	（1972年）		
日最大降水量	25毫米	（1980年）		
日最大风速	9米/秒	（1985年）		

【气象与健康】

日照对人体的影响

日光由不同波长的电磁波组成，其中对人体影响较大的是可见光、红外线和紫外线。

地球上由于太阳可见光照射形成白天，使人能够看到世界上的一切事物，并使人的各种生理机能随着昼夜更替发生节律性的变化。

紫外线对生物细胞具有刺激作用和较强的杀菌能力，所以中午前后空气中细菌数量较少。人的皮肤经紫外线照射以后，会发生色素沉着和红斑作用。皮下组织中麦角固醇在紫外线作用下能转变为维生素D，促进骨钙化和生长，预防佝偻病发生。紫外线还能促进机体的免疫反应和加强甲状腺机能，多晒太阳对人的身体发育有利。

5月26日	---------------- 天 文 时 刻 ----------------			
	天亮	04 时 20 分	天黑	20 时 04 分
	日出	04 时 52 分	日没	19 时 32 分

今日历史气候值		
日平均气温	22.6℃	
日平均最高气温	28.3℃	
日平均最低气温	16.4℃	
日极端最高气温	37.2℃	（2007 年）
日极端最低气温	10.3℃	（1980 年）
日最大降水量	22.8 毫米	（1990 年）
日最大风速	11.0 米 / 秒	（1971 年）

【气象与健康】

气压对人体的影响

气压对人体的影响主要表现在体内氧气的供应方面。一个人每天约需要吸入 0.75 千克的氧气，这些氧气与食物中的养分一起被血液输送到身体每一个细胞，在那里氧化产生热量，维持生命运动。脑需要氧气最多，约占吸入氧气的 20%。如果气压降低，大气氧分压和肺泡氧分压也降低，动脉血氧饱和度也下降，人体即会发生一系列生理反应。例如人们从低处登上高山时，由于气压降低，会出现呼吸急促、心率加快，头晕、恶心、呕吐和疲乏无力等缺氧反应，严重时还会出现肺水肿和昏迷等症状，这就是人们常说的高原反应。当气压降低至 240 毫米水银柱（相当于 8500 米高处的气压），体内氧的储备降至正常的 45%，就会发生生命危险。

5月27日	天文时刻			
	天亮	04时19分	天黑	20时05分
	日出	04时51分	日没	19时32分

今日历史气候值		
日平均气温	22.5℃	
日平均最高气温	28.0℃	
日平均最低气温	16.7℃	
日极端最高气温	34.8℃	（1980年）
日极端最低气温	9.2℃	（1971年）
日最大降水量	26.4毫米	（2006年）
日最大风速	11.0米/秒	（1971年）

【气象与健康】

气候与疗养

高山气候：高山上气候凉爽、山清水秀，空气新鲜。高山上空气污染物少，负氧离子含量多，对许多疾病都有医疗作用，所以在深山生活的人容易长寿。适宜于高山气候疗养的疾病有过敏性哮喘、皮肤过敏、结核、百日咳、荨麻疹、过敏性鼻炎、精神分裂症、糖尿病、贫血、偏头痛等。

海滨气候：海滨地区气温温差小，冬暖夏凉，海陆风昼夜更替，空气湿润清新；海水和空气中含有多种有益的微量元素。在海滨进行日光浴和海水浴既能健身，又能治病。医疗实践证明，海水浴和海滨气候，对于治疗慢性支气管炎、风湿、哮喘、心脏病、高血压、动脉硬化、结核病和皮肤病均有良好疗效。

此外，森林气候、平原气候、沙漠气候等对不同疾病也有相应疗效。

5 月 28 日	----------- 天 文 时 刻 -----------			
	天亮	04 时 18 分	天黑	20 时 05 分
	日出	04 时 50 分	日没	19 时 33 分

今日历史气候值		
日平均气温	23.1℃	
日平均最高气温	29.7℃	
日平均最低气温	16.4℃	
日极端最高气温	35.8℃	（1993 年）
日极端最低气温	9.6℃	（1975 年）
日最大降水量	14.6 毫米	（2003 年）
日最大风速	12.3 米 / 秒	（1973 年）

【气象与健康】

臭氧层就像一把伞

臭氧是由三个氧原子结合在一起的、蓝色有刺激性的气体。地球上90% 的臭氧气体集中在距地面 15 ～ 50 千米的大气层中，尽管分布范围不小，若将其归一到标准大气压下，大气臭氧层厚度仅为几毫米。但可别小看这几毫米厚的臭氧层，它是人类赖以生存的保护伞。千百年来地球上的万物之所以顺利生长，全靠臭氧层吸收了绝大部分太阳紫外线，如果没有臭氧层这把保护伞，地球上的生物将会遭受灭顶之灾。

《保护臭氧层维也纳公约》（以下简称《公约》）于 1985 年在维也纳签署，《公约》明确指出大气臭氧层耗损对人类健康和环境可能造成危害，呼吁各国政府采取合作行动，保护臭氧层，并首次提出氟氯烃类物质作为被监控的化学品。

5月29日	天 文 时 刻			
	天亮	04 时 18 分	天黑	20 时 06 分
	日出	04 时 50 分	日没	19 时 34 分

今日历史气候值		
日平均气温	23.5℃	
日平均最高气温	29.5℃	
日平均最低气温	17.1℃	
日极端最高气温	41.1℃	（2014 年）
日极端最低气温	9.9℃	（1973 年）
日最大降水量	20.3 毫米	（1988 年）
日最大风速	11.0 米 / 秒	（1983 年）

【气象与健康】

负氧离子与健康

空气中负离子浓度是空气清新与否的标志。空气中的气体分子或原子在自然界中电离力量的作用下，如宇宙射线、紫外线、雷电和因暴雨、瀑布或其他水的冲击，而电离释放出电子，获得电子而带负电荷的气体分子或原子称为负离子。空气负离子有许多种，其中以负氧离子含量最多，浓度大，对人体作用明显，因此空气负离子常以空气负氧离子为代表。

空气负氧离子浓度受气候因素、地理条件的影响和制约。一般海滨、高山、森林及绿化带周围负氧离子浓度较高，比城区高出 5 ～ 10 倍；室外比室内高出 2 ～ 3 倍。

目前认为空气负氧离子疗法对神经官能症、高血压病、贫血、支气管哮喘和结核病等有一定疗效。另外，空气负氧离子还有去除尘埃，消灭病菌，净化空气的作用。

5 月 30 日	————————— 天 文 时 刻 —————————			
	天亮	04 时 17 分	天黑	20 时 07 分
	日出	04 时 49 分	日没	19 时 35 分

今日历史气候值		
日平均气温	23.3℃	
日平均最高气温	28.9℃	
日平均最低气温	17.5℃	
日极端最高气温	35.7℃	（1983 年）
日极端最低气温	11.2℃	（1972 年）
日最大降水量	58.7 毫米	（1990 年）
日最大风速	10.8 米 / 秒	（1997 年）

【气象与健康】

睡眠与小气候（一）

俗话说"久服补药，不如一宿好觉"，人的一生约有 1/3 以上的时间在睡眠中度过，睡眠质量严重影响人体健康。要想睡得好，寝室和被窝内的小气候也不可忽视。

寝室气候与睡眠息息相关。寝室的温度、湿度、光照等都会对睡眠产生影响。一般适宜温度为 20～23℃，20℃以下使人有冷的感觉，表现为蜷曲身躯并裹紧被子，而超过 23℃，会使人有热的感觉，表现为翻身多甚至掀开被子。夏天睡觉时以温度 25～28℃、湿度 50％～70％为宜。

光照对睡眠也有影响，照度高于 50 勒克斯或过暗都不易让人入睡，最适宜的亮度是在睡眠时能看清周围物体的大致轮廓。所以，在睡眠时既不要亮着灯，也不要让室内太黑暗，这样才能保证睡眠质量。

5月31日	------------- 天 文 时 刻 -------------			
	天亮	04 时 16 分	天黑	20 时 08 分
	日出	04 时 49 分	日没	19 时 36 分

今日历史气候值		
日平均气温	23.0℃	
日平均最高气温	28.7℃	
日平均最低气温	17.9℃	
日极端最高气温	35.2℃	（1992 年）
日极端最低气温	10.7℃	（1972 年）
日最大降水量	26.5 毫米	（1987 年）
日最大风速	10.7 米 / 秒	（1972 年）

【气象与健康】

睡眠与小气候（二）

被窝小气候对人们睡眠的持续时间、睡眠深度都会产生影响。卧床后能否迅速入睡与被窝温度很有关系，最适宜的入睡温度范围是 32～34℃，冬天可使用电褥子和热水袋调节被窝温度，夏天也应使温度不超过 35℃。被窝内的相对湿度最好保持在 50%～60%，由于人体睡眠时排汗常使被窝内相对湿度高于 60%，而湿度过高可使皮肤受到刺激，影响睡眠深度，因此应常晾晒被褥，以保持干燥。同时，睡眠时不要把被子捂得太严，也不要四处透风，更不可蒙头睡觉，被子也应以轻、暖、软为宜。

气象北京365 —— 6月份

6月1日	———————— 天 文 时 刻 ————————			
	天亮	04 时 16 分	天黑	20 时 09 分
	日出	04 时 48 分	日没	19 时 37 分

今日历史气候值		
日平均气温	23.5 ℃	
日平均最高气温	29.4 ℃	
日平均最低气温	17.5 ℃	
日极端最高气温	38.1 ℃	（2009 年）
日极端最低气温	10.8 ℃	（1973 年）
日最大降水量	6.5 毫米	（2010 年）
日最大风速	13.0 米 / 秒	（1982 年）

【气候】

北京 6 月气候概况

本月天气日趋炎热，降水明显增多。

气温通常在 18 ～ 30 ℃之间，月平均气温为 24.9 ℃。最高气温超过 35 ℃的炎热日 8 天左右。历史上，6 月份最高气温曾达到 42.6 ℃(1942 年 6 月 15 日)，最低气温达到 9.8 ℃(1997 年 6 月 4 日)。本月气温虽高，但湿度较小，日落后气温下降较快，人们并不感到闷热难受。

月降水量 71.9 毫米，降水日数 9.7 天，多为雷阵雨天气，暴雨和冰雹天气也时有发生，雷暴日数 7.4 天，冰雹天气 0.4 天。

本月光照比较充足，对农作物和蔬菜生长非常有利。

6月2日	----------- 天 文 时 刻 -----------			
	天亮	04 时 15 分	天黑	20 时 10 分
	日出	04 时 48 分	日没 .	19 时 38 分

今日历史气候值		
日平均气温	24.0 ℃	
日平均最高气温	30.1 ℃	
日平均最低气温	18.0 ℃	
日极端最高气温	38.5 ℃	（1986 年）
日极端最低气温	10.9 ℃	（1978 年）
日最大降水量	41.9 毫米	（2010 年）
日最大风速	11 米 / 秒	（1974 年）

【灾害与防御】

北京的汛期

　　汛期是指暴雨洪水在一年中集中出现的明显时期，根据《北京市实施〈中华人民共和国防洪法〉办法》的规定。北京的汛期开始时间于 6 月 1 日，结束时间于 9 月 15 日，其中 7 月 20 日至 8 月 10 日是北京市的主汛期。汛期多暴雨天气，城市下凹式立交桥和低洼院落会出现积水，河道会发生洪水，山区还可能引发山洪和泥石流。据统计，北京市多年平均降雨 585 毫米，汛期雨量约占全年降水量的 85%。北京暴雨中心多发区沿燕山、西山的山前迎风带分布，年降水量在 650 ～ 700 毫米以上，北京历史上的著名大暴雨，其中心位置、强度、雨区笼罩范围等都不一样，暴雨中心地区常形成严重洪涝灾害，同时在山区附近会诱发泥石流等次生灾害。

6月3日	———— 天 文 时 刻 ————			
	天亮	04 时 15 分	天黑	20 时 11 分
	日出	04 时 48 分	日没	19 时 39 分

今日历史气候值		
日平均气温	24.2℃	
日平均最高气温	30.0℃	
日平均最低气温	18.2℃	
日极端最高气温	37.3℃	（1982 年）
日极端最低气温	11.6℃	（1980 年）
日最大降水量	11.0 毫米	（1973 年）
日最大风速	11.0 米 / 秒	（1976 年）

【灾害与防御】

北京的暴雨

北京位于太行山东侧，燕山南麓，是暴雨多发地区之一。城区每年出现暴雨 2～3 次，全市境内平均每年出现 9 次左右，最多年份达 14 次，而旱年仅 3～4 次。

北京暴雨分为局地性暴雨和区域性暴雨，局地性暴雨是指降雨范围较小的暴雨，多因对流性天气形成，当暴雨范围大于北京全市面积三分之一时，即可称为区域性暴雨，多因不同尺度的天气系统共同作用形成。

暴雨最早出现在 4 月上旬，最晚出现 10 月下旬，以 7 月下旬到 8 月上旬最多。在北京存在两个暴雨中心，一个在东北部平谷地区，一个在西南部房山地区，这是因为受不同方向空中气流影响，导致山前迎风地带暴雨较多，强度也较大，曾出现过日降水量 400～500 毫米的特大暴雨。

6月4日	------------- 天 文 时 刻 ------------			
	天亮	04 时 15 分	天黑	20 时 12 分
	日出	04 时 47 分	日没	19 时 39 分

今日历史气候值		
日平均气温	24.5℃	
日平均最高气温	30.2℃	
日平均最低气温	18.9℃	
日极端最高气温	35.9℃	（2009 年）
日极端最低气温	9.8℃	（1997 年）
日最大降水量	22.2 毫米	（2008 年）
日最大风速	9.9 米 / 秒	（2003 年）

【灾害与防御】

暴雨的成因

一般日降水量达到或超过 50 毫米的降水称为暴雨，暴雨的形成一般与以下几个条件有关：

1. 充沛的水汽供应：通常要求有大范围的水汽汇合，即有水汽的输送和累积，并集中到较小范围的暴雨区内，以供应暴雨所需的水汽。

2. 强烈的上升运动：低层的水汽必须上升到空中，才能凝结成云致雨。大气与降水有关的垂直上升运动大致可分为锋面抬升作用、低层辐合－高层辐散、中尺度系统、小尺度局地对流活动以及地形引起的上升运动。

3. 持久的作用时间：降雨天气系统移动缓慢甚至停滞不动，以及多次重复出现降雨天气系统。

4. 有利的地形：如地形的强迫抬升，地形的辐合和阻塞作用，此外，地形还可以起到触发作用。

6月5日	------------------ 天文时刻 ------------------			
	天亮	04 时 14 分	天黑	20 时 12 分
	日出	04 时 47 分	日没	19 时 40 分

今日历史气候值		
日平均气温	24.0 ℃	
日平均最高气温	30.5 ℃	
日平均最低气温	18.1 ℃	
日极端最高气温	36.1 ℃	（2007 年）
日极端最低气温	10.5 ℃	（1973 年）
日最大降水量	46.2 毫米	（1979 年）
日最大风速	13.1 米 / 秒	（1993 年）

【气候】

芒　种

芒种节气在 6 月 6 日前后，这时，太阳已移至黄经 75°。据《月令七十二候集解》云："五月节，谓有芒之种谷可稼种矣。"意思是指麦类等有芒作物已经成熟，可以收藏种的时节。

芒种节气北京的气温已很高了，节气内的极端最高气温可达 35 ℃以上。光照充足，小麦成熟快，即所谓"麦熟一晌"。北京小麦黄熟平均在 6 月 11 日，大量麦收集中在 6 月中旬。芒种节气北京降雨量有所增加，时值雨季来临之前，对流性阵雨、雷阵雨天气明显增多。

描写芒种的天气谚语有，"芒种遇雨，年丰物美"及"雷打芒种，稻子好种"等说法，此时正是"夏收""夏种""夏管"的三夏大忙时节，芒种节气是北京农事最忙的时期。

6月6日	天 文 时 刻			
	天亮	04 时 14 分	天黑	20 时 13 分
	日出	04 时 47 分	日没	19 时 40 分

今日历史气候值		
日平均气温	24.0℃	
日平均最高气温	29.9℃	
日平均最低气温	18.4℃	
日极端最高气温	38.1℃	（1981 年）
日极端最低气温	10.5℃	（1987 年）
日最大降水量	32.7 毫米	（1980 年）
日最大风速	10.0 米 / 秒	（1983 年）

【气象与生活】

北京名胜夏季游

北京的夏天天气炎热，但有胜地可以避暑。北京市郊山高林密、泉水满布的西山风景区，青山绿水、清幽怡静的房山十渡，群山蒙翠、巍峨壮丽的居庸关至八达岭一带，以及山水一色、波光粼粼的古北水镇，这些都是游者云集的地方。

夏天的紫竹院和颐和园都是赏荷花的好去处，在一阵风雨过后，漫步莲藕湖边，荷香阵阵扑鼻，那种风翻荷叶、雨后捧珠的景色是饶有玩味的。

北京的夏季，白天虽然较热，但夜晚气温尚低。降水较多，全年降水的75%是在夏季降下的，此时的空气相对湿度在70%左右，而且日最高气温在35℃以上的炎热天气，北京全年只有8天，气候环境比起炎热的南方较好。所以盛夏季节，仍有大量旅游者到北京游览。

6月7日	―――――― 天 文 时 刻 ――――――			
	天亮	04 时 14 分	天黑	20 时 13 分
	日出	04 时 47 分	日没	19 时 41 分

今日历史气候值		
日平均气温	24.3℃	
日平均最高气温	30.1℃	
日平均最低气温	18.8℃	
日极端最高气温	36.6℃	（2002 年）
日极端最低气温	11.2℃	（1987 年）
日最大降水量	12.7 毫米	（1988 年）
日最大风速	13.0 米 / 秒	（1983 年）

【气象知识】

雷电现象

闪电是云和云间及云和地面间的放电现象，常伴有强烈电光，有枝状闪电、片状闪电、珠状闪电及球状闪电之分，但最常见的闪电是枝状闪电。闪道长度短的 2～3 千米，长的可达 20 千米。直径约为几十厘米。每次发光放电的持续时间是极短的。人们看到的每一次闪电，实际是由好几次重复放电所组成的，放电平均每隔 0.03 秒重复一次，总的持续时间一般为 0.2 秒，但个别的也可达 1.5 秒。闪电的电流强度平均为 2 万安培，最高可达 20 万安培左右。闪电的电流强度虽然很大，但是出于它持续的时间极短，每次闪电的能量并不大。

雷是伴随闪电而来的声学现象。在闪电路径上，由于加热和水滴汽化而空气突然增热膨胀，发生巨响。

6 月 8 日	—————— 天 文 时 刻 ——————			
	天亮	04 时 13 分	天黑	20 时 14 分
	日出	04 时 46 分	日没	19 时 41 分

今日历史气候值		
日平均气温	24.5 ℃	
日平均最高气温	30.7 ℃	
日平均最低气温	18.8 ℃	
日极端最高气温	36.4 ℃	（1986 年）
日极端最低气温	13.5 ℃	（1997 年）
日最大降水量	63.1 毫米	（1991 年）
日最大风速	11.6 米 / 秒	（2000 年）

【气象知识】

世界雷都

地球上雷暴天气，平均每年发生 1600 多万次，每天约有 5 万次。

雷雨活动最剧烈的地方是赤道带和热带，那里雷雨出现的频度最高，历时最长，"声势"也最大。温带的地方，在夏季常常会出现雷阵雨。我国雷雨最多的地方在海南岛的儋州，它位于低纬度地区，全年约有 130 天雷声隆隆的日子。

地球上有几个世界性的雷雨策源地，都在陆地上。它们年平均雷雨天数是：爪哇 220 天，非洲中部 150 天，巴拿马 135 天，巴西中部 106 天。印度尼西亚的茂物，平均每年有 322 个闪电日，同时下着阵雨。人们称它为世界的"雷都"。

雷电常带来灾害，全球每年因雷击死亡的人数量超过 3000 人。

6月9日	————— 天 文 时 刻 —————			
	天亮	04 时 13 分	天黑	20 时 14 分
	日出	04 时 46 分	日没	19 时 42 分

今日历史气候值		
日平均气温	24.5℃	
日平均最高气温	30.4℃	
日平均最低气温	18.9℃	
日极端最高气温	37.0℃	（1972 年）
日极端最低气温	12.2℃	（1976 年）
日最大降水量	62.4 毫米	（1978 年）
日最大风速	12.8 米 / 秒	（2004 年）

【灾害与防御】

北京的雷暴

平均说来，北京市 4 月 28 日前后初雷，10 月 1 日前后终雷，年雷暴日平均 35.6 天。7 月雷暴日最多，平均 10.8 天。山区雷暴多于平原，例如密云、延庆年平均雷暴日数均超过 40 天。

雷暴的云地闪电直接威胁着人们生命财产的安全，近年来家用电器被雷电烧毁的现象也很突出。房山、延庆、密云的铁矿区更容易发生雷击，历史上曾有过雷击劈山的事。

夏季应经常检查避雷针接地是否良好，接地线附近不要堆放易燃物品。雷雨时不要在空旷地方行走．不要在大树下避雨。雷暴强烈时要拔掉电视机等家用电器电源，断开室外天线。

6 月 10 日	---------------- 天 文 时 刻 ----------------			
	天亮	04 时 13 分	天黑	20 时 15 分
	日出	04 时 46 分	日没	19 时 42 分

今日历史气候值		
日平均气温	24.8℃	
日平均最高气温	30.7℃	
日平均最低气温	18.9℃	
日极端最高气温	38.6℃	（1972 年）
日极端最低气温	11.3℃	（1974 年）
日最大降水量	69.5 毫米	（1991 年）
日最大风速	10.7 米 / 秒	（2002 年）

【气象知识】

沙漠的形成

沙漠是地球上干旱地区的一种地貌。传统的观点认为：沙漠是地球上干旱气候的产物。从地球上沙漠的分布来看，也证明了这个观点。目前地球上大部分沙漠都集中分布在赤道和南北纬 15°～ 35°之间。如北非的撒哈拉大沙漠，澳大利亚的维多利亚大沙漠等，这是因为地球自转使得这些地带长期笼罩在大气环流下沉气流中，下沉气流破坏了成雨过程，形成了干旱气候，造就了茫茫的大沙漠。

地质学家对撒哈拉沙漠的考察发现，这里曾是水草丰美的牧场。由于气候变迁，逐渐退化为沙漠。现代科学研究发现，气候仅仅是提供了形成沙漠的适宜条件，而人类的活动也会破坏生态，加速沙漠的形成。当前地球上每年有 3800 万平方千米的土地处在沙漠化边缘，这应该引起我们的高度关注。保护环境，刻不容缓。

6月11日	———————— 天文时刻 ————————			
	天亮	04时13分	天黑	20时15分
	日出	04时46分	日没	19时43分

今日历史气候值		
日平均气温	24.8℃	
日平均最高气温	30.1℃	
日平均最低气温	19.0℃	
日极端最高气温	38.8℃	（2004年）
日极端最低气温	12.2℃	（1977年）
日最大降水量	14.4毫米	（2011年）
日最大风速	10.9米/秒	（2002年）

【灾害与防御】

冰雹的形成条件

在积雨云中强烈的上升气流携带着许多大大小小的水滴和冰晶运动着，其中有一些水滴和冰晶合并冻结成较大的冰粒，这些粒子和过冷水滴被上升气流输送到含水量累积区，就可以成为冰雹核心，具体来说，冰雹的形成需要以下几个条件：

1. 大气中必须有相当厚的不稳定层存在。

2. 积雨云必须发展到能使个别大水滴冻结的温度（一般认为温度达 $-16 \sim -12℃$ ）。

3. 要有强的风切变。

4. 云的垂直厚度不能小于6千米。

5. 大气中0℃的高度一般在3000米左右。

6. 云内应有倾斜的、强烈而不均匀的上升气流，一般在 $10 \sim 20$ 米/秒以上。

6月12日	——————— 天 文 时 刻 ———————			
	天亮	04 时 13 分	天黑	20 时 16 分
	日出	04 时 46 分	日没	19 时 43 分

今日历史气候值		
日平均气温	25.2℃	
日平均最高气温	31.1℃	
日平均最低气温	19.4℃	
日极端最高气温	37.5℃	（1988 年）
日极端最低气温	14.9℃	（1979 年）
日最大降水量	28.0 毫米	（1982 年）
日最大风速	12.7 米 / 秒	（2004 年）

【灾害与防御】

北京的冰雹

3—10 月为降雹季节，其中 95% 的冰雹集中在 5—9 月。6，7 月是降雹最多的月份，占全年降雹次数一半以上。

据雷达资料分析，北京平均每年约有 20 次降雹过程，其中大部分是局地降雹，多发生在山区或半山区，大范围降雹每年有 2 ～ 3 次。观象台平均每年观测到降雹 1.1 次。

直径大于 0.5 厘米的冰雹即可造成灾害。北京形成雹灾的次数约占总降雹次数的一半。直径大于 2 厘米的大冰雹在北京几乎年年可见，给作物、果树、蔬菜带来毁灭性打击，危害人们生命财产。北京市每年受灾作物约有 40 ～ 50 万亩（1 亩 ≈ 666.67 平方米，下文同），损失粮食千万斤（1 斤 =0.5 千克，下文同），水果数百万斤。

6 月 13 日	--------------- 天 文 时 刻 ---------------			
	天亮	04 时 13 分	天黑	20 时 16 分
	日出	04 时 46 分	日没	19 时 44 分

今日历史气候值		
日平均气温	25.0℃	
日平均最高气温	30.3℃	
日平均最低气温	19.7℃	
日极端最高气温	39.1℃	（2000 年）
日极端最低气温	12.7℃	（1976 年）
日最大降水量	14.8 毫米	（1980 年）
日最大风速	11.0 米 / 秒	（1972 年）

【其他】

黄河水灾

1931 年的一次黄河决口导致的洪水夺去了 35 万人的生命。

黄河易淤易决，河道时有变迁。见于历史记载的黄河大小决堤粗略统计达 1500 ～ 1600 次，多数集中在下游。黄河是世界上泥沙最多的河流。它流经我国北部，长 5464 千米，年输沙量 15 亿吨以上。这些泥沙约 1/4 堆积在河口附近，使河床抬高、河流改道。几十年来，人们为防止洪水泛滥，筑起河堤。但河堤一旦决口，便造成灾难。

洪水泛滥的主要季节是 7—9 月。每年的降水大多集中在这几个月。不过，春季也可能造成灾害，这种灾害叫凌汛，因为此时黄河南段已开始解冻，而北面的河套仍被冰封着，形成冰坝，一旦决堤，容易造成水灾。

6月14日	天 文 时 刻			
	天亮	04时13分	天黑	20时17分
	日出	04时46分	日没	19时44分

今日历史气候值		
日平均气温	25.0℃	
日平均最高气温	30.5℃	
日平均最低气温	19.6℃	
日极端最高气温	38.1℃	（1988年）
日极端最低气温	14.7℃	（2006年）
日最大降水量	19.7毫米	（2008年）
日最大风速	12.3米/秒	（2004年）

【其他】

我国的洪涝灾害

洪涝灾害是我国的一种主要自然灾害。从公元前206年到1949年，近半数年份都发生了较大的洪水灾害。1950年以来，中国平均每年受灾面积约1.1亿亩，成灾0.61亿亩，约占全国耕地面积的4%，其中1954年、1956年、1963年、1998年，每年受灾面积都在2.1亿亩以上，成灾面积都在1.5亿亩以上。黄淮海平原、长江中下游、东南沿海、松花江和辽河中下游等地是洪涝灾害发生较多的地区，尤以黄淮海平原和长江中下游最为严重，占全国受灾面积3/4以上，而西北、云贵高原、青藏高原和内蒙古等地洪涝灾害最少。

6 月 15 日	——————— 天 文 时 刻 ———————			
	天亮	04 时 13 分	天黑	20 时 17 分
	日出	04 时 46 分	日没	19 时 44 分

今日历史气候值		
日平均气温	24.9 ℃	
日平均最高气温	30.8 ℃	
日平均最低气温	19.6 ℃	
日极端最高气温	42.6 ℃	（1942 年）
日极端最低气温	16.0 ℃	（1972 年）
日最大降水量	24.2 毫米	（2001 年）
日最大风速	15.0 米 / 秒	（1971 年）

【灾害与防御】

北京的夏季高温

北京市气象记录中的最高温度极值为 43.5 ℃，是 1961 年 6 月 10 日由房山气象站测到的。该日是北京最热的一天。

北京市观象台 1942 年 6 月 15 日测到 42.6 ℃的最高气温，这是观象台历史记录中最大值。有人把日最高气温 35 ℃和 37 ℃称为"炎热日"和"酷热日"。根据观象台资料，城区平均每年炎热日 8.3 天，酷热日 2.1 天，炎热日和酷热日天数的历史极值出现在 2000 年，分别为 26 天和 13 天，这些高温天气主要集中在 6 月和 7 月。由于全球变暖，近年来高温日数有所增多。

6 月 16 日	天 文 时 刻			
	天亮	04 时 13 分	天黑	20 时 18 分
	日出	04 时 46 分	日没	19 时 45 分

今日历史气候值		
日平均气温	24.8 ℃	
日平均最高气温	30.6 ℃	
日平均最低气温	19.3 ℃	
日极端最高气温	36.5 ℃	（1990 年）
日极端最低气温	15.9 ℃	（2004 年）
日最大降水量	26.5 毫米	（2009 年）
日最大风速	10 米 / 秒	（1980 年）

【其他】

泥石流

泥石流是介于流水与滑坡之间的一种地质作用，典型的泥石流由悬浮着粗大固体碎屑物并富含粉砂及黏土的黏稠泥浆组成。在适当的地形条件下，大量的水体浸透山坡或沟床中的固体堆积物质，使其稳定性降低，饱含水分的固体堆积物质在自身重力作用下发生运动，就形成了泥石流。泥石流是一种灾害性的地质现象。泥石流经常突然暴发，来势凶猛，可携带巨大的石块，并以高速前进，具有强大的能量，因而破坏性极大。

泥石流的形成必须同时具备以下 3 个条件：陡峻的山地地形；有丰富的松散碎屑物；短时间内有强降水。

6月17日	———— 天 文 时 刻 ————			
	天亮	04时13分	天黑	20时18分
	日出	04时46分	日没	19时45分

今日历史气候值		
日平均气温	24.9℃	
日平均最高气温	30.5℃	
日平均最低气温	19.6℃	
日极端最高气温	38.0℃	（2012年）
日极端最低气温	14.6℃	（1976年）
日最大降水量	47毫米	（2008年）
日最大风速	9.7米/秒	（1974年）

【灾害与防御】

当你遇到山洪时

山洪暴发之前应当了解你活动的地区山洪历史以及相对于附近河流和其他水路的高度。预先计划好在山洪暴发的紧急情况下，你将做什么及应逃到哪里去。

当你所在地区发布山洪警报时要迅速行动，你可能只有几秒的时间：

1. 离开易受洪水淹没的地区，避开已经淹没的地区。

2. 不要试图徒步涉过水已达膝盖的流水小溪。

3. 如若开车，在穿越公路凹处之前，应先了解它的水深。水下的道路可能已受破坏。如果轮子陷住，应立即弃车，寻找较高的地区，迅速上涨的洪水可能吞没汽车和乘客，并把他们卷走。

4. 夜间要特别小心，因为这时判断洪水的危险区比较困难。

5. 山洪结束后，还要注意在水源支流和主要河流的大范围洪水可能稍晚出现。

6 月 18 日	———————— 天 文 时 刻 ————————			
	天亮	04 时 13 分	天黑	20 时 18 分
	日出	04 时 46 分	日没	19 时 45 分

今日历史气候值		
日平均气温	25.5℃	
日平均最高气温	30.9℃	
日平均最低气温	20.3℃	
日极端最高气温	37.3℃	（2006 年）
日极端最低气温	12.3℃	（1974 年）
日最大降水量	22.2 毫米	（1982 年）
日最大风速	9.7 米 / 秒	（1973 年）

【灾害与防御】

雷电预警信号

雷电指天空中携带不同电荷的云与云或云与地之间的放电现象。出现雷电时，通常会伴有大风、强降水或冰雹。

雷电预警信号按风力大小和雷电强弱分为四级，分别以蓝色、黄色、橙色和红色表示。

雷电蓝色预警信号划分标准：3 小时内可能发生雷电活动，有可能出现雷电灾害。

雷电黄色预警信号划分标准：3 小时内可能发生雷电活动，并伴有 6 级以上短时大风，或短时强降水，或小冰雹，出现雷电和大风灾害的可能性较大。

雷电橙色预警信号划分标准：3 小时内可能发生较强雷电活动，并伴有 8 级以上短时大风，或短时强降水，或冰雹，出现雷电和大风灾害的可能性很大。

雷电红色预警信号划分标准：3 小时内可能发生强烈雷电活动，并伴有 10 级以上短时大风，或短时强降水，或冰雹，出现雷电和大风灾害的可能性非常大。

6月19日	天 文 时 刻			
	天亮	04时13分	天黑	20时19分
	日出	04时46分	日没	19时46分

今日历史气候值		
日平均气温	25.3℃	
日平均最高气温	31.0℃	
日平均最低气温	20.1℃	
日极端最高气温	38.4℃	（1975年）
日极端最低气温	15.1℃	（1972年）
日最大降水量	28.5毫米	（1983年）
日最大风速	12.0米/秒	（2005年）

【灾害与防御】

雷电防御指南

应停止登山、体育、农作、游泳、钓鱼等户外活动（运动），及时躲避到有防雷装置的建筑物内。公园、游乐场等露天场所停止户外设施运行，并疏导游人到安全场所。

行人不要在大树下避雨，远离高塔、烟囱、电线杆、广告牌等高耸物，不要停留在山顶、山脊、楼顶、水边或空旷地带，不宜使用手机；切勿接触天线、水管、铁丝网、金属门窗、建筑物外墙，远离电线等带电设备和其他类似金属装置；在空旷场地不要打伞，不要把农具、羽毛球拍、高尔夫球杆尤其是带金属的物体等扛在肩上，应在地势较低地方下蹲，降低身体高度。

室内人员应关好门窗并保持安全距离，不要触碰水管、燃气、暖气等金属管道，切勿洗澡，避免使用固定电话、电脑、电视等电器设备。

对被雷击中人员，应立即采用心肺复苏法抢救，同时将病人速送医院；发生雷击火灾应立刻切断电源，并迅速拨打报警电话。

6 月 20 日	——————— 天 文 时 刻 ———————			
	天亮	04 时 13 分	天黑	20 时 19 分
	日出	04 时 46 分	日没	19 时 46 分

今日历史气候值		
日平均气温	25.6℃	
日平均最高气温	31.1℃	
日平均最低气温	20.7℃	
日极端最高气温	37.0℃	（2005 年）
日极端最低气温	14.7℃	（1972 年）
日最大降水量	20.6 毫米	（1985 年）
日最大风速	11.7 米 / 秒	（1980 年）

【气象与农事】

气象与农事（6月）

本月小麦的主要农业气象灾害是干热风，气象指标是在灌浆期（正常年份：5 月 21 日—6 月 15 日）午后 14 时的气温 ≥ 30℃、空气相对湿度 ≤ 30%、风速 ≥ 3 米 / 秒，强干热风可导致芒尖、叶尖枯干，叶片、叶鞘和颖壳呈灰白，小麦失水枯黄甚至枯死。针对干热风，应采用早熟品种、抗逆品种；增施有机肥和磷钾肥，群体大的麦田起身期适当蹲苗，促进根系下扎，增强抗逆能力；建立合理的群体结构；灌浆期结合蚜虫防治喷施杀虫剂、抗菌剂和叶面肥，保持植株健壮生长；浇好灌浆水，保持土壤湿润，营造良好的生长环境，减轻干热风影响。

6月21日	――――――― 天 文 时 刻 ―――――――			
	天亮	04 时 13 分	天黑	20 时 19 分
	日出	04 时 46 分	日没	19 时 46 分

今日历史气候值		
日平均气温	25.8℃	
日平均最高气温	31.3℃	
日平均最低气温	20.6℃	
日极端最高气温	38.9℃	（2005 年）
日极端最低气温	13.4℃	（1982 年）
日最大降水量	33.5 毫米	（1982 年）
日最大风速	10 米 / 秒	（1982 年）

【气候】

夏 至

每年 6 月 22 日前后，太阳到达黄经 90°，日光直射北回归线，出现日北至、日长至、日影短至，故曰夏至。在北半球，夏至日是全年白昼最长的一天，有"长就长到夏至，短就短到冬至"等谚语。

夏至节气正处梅雨高峰，雨量大，雨日多，常造成较大的洪涝。有时遇到反常年份，夏至天气炎热，预示后期天气既旱且热。

夏至前后的雾、雷和风，群众常作为预测后期天气的依据。如："夏至雾茫茫，洪水漫山岗""夏至三朝雾，泥鳅要摸路""夏至响雷公，塘底好栽葱"。

6月22日	─────── 天 文 时 刻 ───────			
	天亮	04时14分	天黑	20时19分
	日出	04时47分	日没	19时46分

今日历史气候值		
日平均气温	25.0℃	
日平均最高气温	30.2℃	
日平均最低气温	20.7℃	
日极端最高气温	36.8℃	（2005年）
日极端最低气温	14.2℃	（1974年）
日最大降水量	27.6毫米	（1975年）
日最大风速	12.0米/秒	（2012年）

【灾害与防御】

高温预警信号

高温是指日最高气温达到 35 ℃以上的天气，达到或超过 37 ℃以上时称酷暑。连续高温酷暑会使人产生不适，甚至引发疾病或死亡。连续高温还会加剧电力供应中断，影响生产生活。

高温预警信号分四级，分别以蓝色、黄色、橙色、红色表示。

高温蓝色预警信号划分标准：单日最高气温将升至 37 ℃以上，或连续两天日最高气温将在 35 ℃以上。

高温黄色预警信号划分标准：单日最高气温将升至 39 ℃以上，或连续三天日最高气温将在 35 ℃以上。

高温橙色预警信号划分标准：单日最高气温将升至 40 ℃以上，或连续两天日最高气温将在 37 ℃以上。

高温红色预警信号划分标准：单日最高气温将升至 41 ℃以上，或连续三天日最高气温将在 37 ℃以上。

6 月 23 日	———————— 天 文 时 刻 ————————			
	天亮	04 时 14 分	天黑	20 时 19 分
	日出	04 时 47 分	日没	19 时 46 分

今日历史气候值		
日平均气温	25.0℃	
日平均最高气温	30.1℃	
日平均最低气温	20.0℃	
日极端最高气温	37.5℃	（1978 年）
日极端最低气温	14.3℃	（1974 年）
日最大降水量	69.8 毫米	（2011 年）
日最大风速	11.9 米 / 秒	（2011 年）

【灾害与防御】

高温防御指南

高温时段尽量减少户外活动，必须外出时，做好防晒准备，在户外要打遮阳伞，戴遮阳帽和太阳镜，涂抹防晒霜，避免强光灼伤皮肤；并备好防暑药品、饮用水；老、弱、病、幼人群高温时段应减少户外活动。

对汽车进行合理养护，开车注意交通安全，避免疲劳驾驶；车内勿放易燃物品，开车前应检查车况，严防车辆自燃；驾驶人员要保证睡眠充足，避免疲劳驾驶。

高温时期室内空调的温度不宜过低，节约用水用电。供电部门防范用电量过高及电线变压器等电力负载过大而引发的事故，注意防火。

6月24日	—————— 天文时刻 ——————			
	天亮	04时14分	天黑	20时20分
	日出	04时47分	日没	19时46分

今日历史气候值		
日平均气温	25.3℃	
日平均最高气温	30.8℃	
日平均最低气温	20.6℃	
日极端最高气温	39.6℃	（2009年）
日极端最低气温	17.3℃	（1999年）
日最大降水量	37.9毫米	（1979年）
日最大风速	10.3米/秒	（1981年）

【气象与健康】

漫话人体温度

众所周知，人是恒温动物。然而由于人是由许多器官和组织构成的一个复杂整体，并且要在各种环境下生活，因而人体温度也呈现出复杂的分布。

一天内傍晚体温最高，清晨体温最低，温度变化范围约为1℃。

儿童体温高于成年人，成年人高于老年人，女人高于男人。

激烈运动时体温比安静时高。

内脏温度高于皮肤温度。内脏器官中肝脏温度最高，约38℃，肾脏、胰腺等次之，直肠温度又低一些。

皮肤温度常在15～42℃范围内波动。通常，头部温度高于胸和腰部，胸、腰部高于四肢，手、脚趾温度最低。夏天，皮肤温度差异只有2～3℃，冬天可达20℃以上。

6 月 25 日	——————— 天 文 时 刻 ———————			
	天亮	04 时 15 分	天黑	20 时 20 分
	日出	04 时 47 分	日没	19 时 47 分

今日历史气候值		
日平均气温	25.5 ℃	
日平均最高气温	30.4 ℃	
日平均最低气温	20.7 ℃	
日极端最高气温	38.4 ℃	（1999 年）
日极端最低气温	14.0 ℃	（1991 年）
日最大降水量	41.9 毫米	（2012 年）
日最大风速	10.7 米 / 秒	（1984 年）

【气象与健康】

人体温度调节的秘密

人体周围空气的温度随时都在变化，有时甚至变化剧烈，为什么人的体温不随环境温度改变而总是维持在 37 ℃左右呢？原来人体内有一套完善的温度调节系统，使人体温度始终保持相对稳定。

人类皮肤上有丰富的神经感应器。皮肤受到热刺激时，热感应器增加放电；皮肤受到冷刺激时，冷感应器增加放电。神经纤维把这些感应信号传输到人的下丘脑，下丘脑是人体热量调节中心，它能通过植物神经和脑垂体来协调人的新陈代谢和一系列分泌过程。当下丘脑的细胞核接收到热感应器传来的信息时，便调整皮肤毛细血管舒张和汗腺分泌，促进人体散热，防止体温过高上升；当下丘脑接收到冷感应器传来的信息时，它又控制皮肤毛细血管收缩，并使新陈代谢加快，增加身体产热，防止体温下降。在下丘脑的控制下，人体热量得失始终处于动态平衡，保持相对的稳定。

6 月 26 日	————— 天 文 时 刻 —————			
	天亮	04 时 15 分	天黑	20 时 20 分
	日出	04 时 47 分	日没	19 时 47 分

今日历史气候值		
日平均气温	25.8 ℃	
日平均最高气温	31.0 ℃	
日平均最低气温	21.1 ℃	
日极端最高气温	37.1 ℃	（1999 年）
日极端最低气温	16.8 ℃	（1991 年）
日最大降水量	80.7 毫米	（1971 年）
日最大风速	12.0 米 / 秒	（1974 年）

【气象知识】

雨热同期的北京

北京一般从 6 月 4 日开始进入气候学意义上的夏天，到 9 月 2 日结束，共 91 天。

北京夏季炎热，最高气温在 35 ℃以上的日数达 7.8 天。初夏极端最高气温可达 39 ～ 40 ℃以上。7，8 月份温度日较差只有 9.3 ℃。每年夏天总有几天高温高湿的闷热天气，使市民夜间难以入睡。

夏季西太平洋副热带高压最强，其西部的偏南气流给北京上空带来充沛的水汽，造成北京的多雨季节。北京夏季平均降水量为 374.9 毫米，占全年的 70% 以上，80% 以上的暴雨也集中在夏季。此外，北京还是一个多冰雹的地区，平均每年 1 ～ 2 次，山区 4 ～ 6 次。降雹时往往伴有很强的雷雨大风。

6 月 27 日	———————— 天 文 时 刻 ————————			
	天亮	04 时 15 分	天黑	20 时 20 分
	日出	04 时 48 分	日没	19 时 47 分

今日历史气候值		
日平均气温	25.8℃	
日平均最高气温	31.3℃	
日平均最低气温	21.0℃	
日极端最高气温	37.2℃	（1998 年）
日极端最低气温	16.1℃	（1983 年）
日最大降水量	139.2 毫米	（1986 年）
日最大风速	14.0 米 / 秒	（1983 年）

【行业气象】

雷雨天气对飞行安全的影响

雷雨天气对飞行安全的影响主要表现在几个方面：一是形成雷击。若飞机遭遇了强电子流，其雷达罩、天线、机翼等可能被损坏，轻则导致机体烧蚀，重则导致飞行事故。二是积冰使飞机的空气动力性能严重降低。积雨云中的结冰现象比其他所有的云都严重。积冰很容易导致发动机熄火，飞机的空气动力性能严重降低。三是强烈气流和风切变。强烈的垂直气流运动，会造成强烈的乱流和扰动，飞机一旦进入这种扰动区域，必然很难被操纵，容易失去控制，甚至因失速而失事。四是低能见度与湿滑跑道。雷雨产生的短时强降水容易使能见度突然变低，跑道湿滑，而能见度低会影响飞行员的视线与判断，着陆时会导致高、飘、跳，容易造成操纵困难或机体受损；在湿滑跑道上起降时，容易导致飞机冲出或偏出跑道。

6月28日	天文时刻			
	天亮	04时16分	天黑	20时20分
	日出	04时48分	日没	19时47分

今日历史气候值		
日平均气温	25.7℃	
日平均最高气温	30.8℃	
日平均最低气温	21.0℃	
日极端最高气温	39.2℃	（1972年）
日极端最低气温	17.4℃	（1983年）
日最大降水量	41.3毫米	（1991年）
日最大风速	10.0米/秒	（1972年）

【灾害与防御】

漩涡中的风——龙卷

地球上最凶猛的风就是龙卷风。它具有漏斗状云柱。龙卷不仅能吸起地面的尘土、砂石、水及其他杂物，还能把很重的物体席卷到空中，龙卷常伴有雷电和冰雹现象。在北半球，龙卷多数作逆时针旋转，极少数作顺时针旋转，龙卷中心的地面气压可低至400百帕，甚至200百帕。龙卷具有双重的破坏力，龙卷外缘的风能够把一路上几乎任何东西都猛甩到一边；漏斗云内部气压是如此之低，以致房屋被其内部膨胀空气的压力炸裂。龙卷移动的距离一般为几百米到几千米，个别可长达几十千米。其持续时间一般为几分钟到几十分钟。龙卷可同时在几个地方出现，或此生彼消。1974年4月3—4日的24小时内，北美洲出现148个龙卷。

6月29日	------------ 天 文 时 刻 ------------			
	天亮	04 时 16 分	天黑	20 时 20 分
	日出	04 时 48 分	日没	19 时 47 分

今日历史气候值		
日平均气温	25.9 ℃	
日平均最高气温	30.9 ℃	
日平均最低气温	21.3 ℃	
日极端最高气温	36.5 ℃	（2009 年）
日极端最低气温	16.9 ℃	（1991 年）
日最大降水量	76.5 毫米	（1976 年）
日最大风速	10.7 米 / 秒	（1976 年）

【灾害与防御】

美国龙卷活动最多

龙卷风发生于地球上许多地方，但没有什么地方的龙卷比美国的龙卷更频繁、更猛烈。在美国，每年有 500 ～ 600 个龙卷袭击乡村。龙卷大多数出现在下午，在日间最高温度过后不久，并总是伴随着雷暴。绿色的闪电神秘地在地面上闪烁，乌云发出奇异的绿光和黄光。与之伴随的，是沉闷的、相隔很远的隆隆声。

在美国德克萨斯州，1947 年有 2 人被卷到 61 米高，又被放下来，没受什么伤害。又有一次在俄克拉荷马州庞卡城，一个男人和他的妻子正在屋内时，房屋被龙卷一下子就卷走了，四壁和房顶都被掀翻，但地板仍完整地保留着，最后滑翔回到地面，仍在"屋内"的夫妇二人毫无损伤。

6 月 30 日	------------- 天 文 时 刻 ------------			
	天亮	04 时 16 分	天黑	20 时 20 分
	日出	04 时 49 分	日没	19 时 47 分

今日历史气候值		
日平均气温	26.1℃	
日平均最高气温	31.0℃	
日平均最低气温	21.5℃	
日极端最高气温	38.1℃	（2000 年）
日极端最低气温	16.8℃	（2004 年）
日最大降水量	103.0 毫米	（1998 年）
日最大风速	13.3 米／秒	（1982 年）

【气象知识】

信　风

信风亦称贸易风。低层大气中由副热带高压南侧吹向赤道附近低压区的大范围气流。在赤道两边的低层大气中，在北半球为东北风，南半球为东南风。其位置、范围和强度随副热带高压等的变化作比较规律的季节性变化。古代海上航行主要依靠风力，人们将这种预期可在一定季节海上盛行的风系称为信风。因其与海上贸易密切有关，故又称之为贸易风。这种风的方向很少改变，它们年年如此，稳定出现，很讲信用，这是 trade wind 在中文中被翻译成"信风"的原因。

信风是全球大气环流的重要组成部分——哈德莱环流的下沉分支之一。

气象北京365 ——— 7月份

7月1日	———————— 天 文 时 刻 ————————			
	天亮	04时17分	天黑	20时20分
	日出	04时49分	日没	19时47分

今日历史气候值		
日平均气温	25.6℃	
日平均最高气温	30.7℃	
日平均最低气温	20.9℃	
日极端最高气温	39.4℃	（2000年）
日极端最低气温	15.3℃	（1966年）
日最大降水量	51.6毫米	（1940年）
日最大风速	11.7米/秒	（1954年）

【气候】

北京7月气候概况

盛夏7月，北京已进入雨季，炎热多雨是这段天气的主旋律。

本月是全年最热的月份，气温通常在20～31℃之间，月平均气温26.7℃。由于气温高，湿度大，常使人感到闷热不适。历史上，7月份最高气温为41.9℃（1999年7月24日），最低气温14.4℃（1890年7月18日）。

本月雨水充沛，月平均降水量达160毫米，占年降水量的1/3以上。降水日数达13天，晴天日数仅10天。本月是暴雨、冰雹、雷雨大风等灾害性天气多发时节，同时也是山洪、滑坡、泥石流等各种地质灾害的多发期，是防汛工作的关键时期。

盛夏，气温高，湿度大，风速小，市民应注意防暑降温。

7月2日	――――――― 天文时刻 ―――――――			
	天亮	04 时 17 分	天黑	20 时 20 分
	日出	04 时 49 分	日没	19 时 47 分

今日历史气候值		
日平均气温	26.5℃	
日平均最高气温	31.8℃	
日平均最低气温	21.4℃	
日极端最高气温	40.1℃	（1942 年）
日极端最低气温	16.0℃	（1969 年）
日最大降水量	93.3 毫米	（1985 年）
日最大风速	16.3 米 / 秒	（1966 年）

【灾害与防御】

冰雹预警信号

冰雹是从强烈发展的积雨云中降落到地面的固体降水物，小如豆粒，大如鸡蛋、拳头，大的直径可达 30 毫米以上。虽然冰雹天气时间短、范围小，但突发性强，往往伴有雷电大风，破坏性大。较大的冰雹会使所经之处车毁房损，树木、电杆折断，农作物被毁，危及人畜安全。

冰雹预警信号分三级，分别以黄色、橙色、红色表示。

冰雹黄色预警信号划分标准：6 小时内可能或已经在部分地区出现分散的冰雹，可能造成一定的损失。

冰雹橙色预警信号划分标准：6 小时内可能出现冰雹天气，并可能造成雹灾。

冰雹红色预警信号划分标准：2 小时内出现冰雹可能性极大，并可能造成重雹灾。

7月3日	———————— 天 文 时 刻 ————————			
	天亮	04 时 18 分	天黑	20 时 19 分
	日出	04 时 50 分	日没	19 时 47 分

今日历史气候值		
日平均气温	26.5℃	
日平均最高气温	31.5℃	
日平均最低气温	22.0℃	
日极端最高气温	40.5℃	（1942 年）
日极端最低气温	14.9℃	（1936 年）
日最大降水量	89.6 毫米	（1973 年）
日最大风速	12.7 米／秒	（1962 年）

【灾害与防御】

冰雹防御指南

加强农作物防护措施，妥善保护易受冰雹袭击的汽车等室外物品或者设备；行车途中如遇降雹，应在安全处停车，坐在车内静候降雹停止。野外行车应尽快停靠在可躲避处。

人员不要随意外出，户外行人注意到安全的地方暂避，不要待在室外或空旷的地方；不要进入孤立的建筑物，或在高楼、烟囱、电线杆与大树下停留，应到坚固又防雷处躲避。

中、小学，幼儿园暂停户外活动，确保学生、幼儿上下学及在校安全。

7月4日	--------------- 天 文 时 刻 ---------------			
	天亮	04时18分	天黑	20时19分
	日出	04时50分	日没	19时47分

今日历史气候值		
日平均气温	26.4℃	
日平均最高气温	31.8℃	
日平均最低气温	21.9℃	
日极端最高气温	39.4℃	（1927年）
日极端最低气温	17.0℃	（1979年）
日最大降水量	124.3毫米	（1892年）
日最大风速	11.3米/秒	（1980年）

【气象知识】

下一场雨土壤可留住多少水

1毫米是1米的千分之一，相当于一根针的直径长。1毫米的雨量，表示在没有蒸发、流失、渗透的平面上，积累了1毫米深的水。1立方米水重1000千克，所以降雨量1毫米，等于往1亩地里倒了667千克水（1平方米地里倒了1千克水）。

在干旱地区或干旱季节里，下了一场雨之后，人们都很关心雨是否都下透了，雨水可以湿润多深的土层？这要看降雨性质、地势、土壤种类以及土壤原来的干湿程度。连续小雨或中雨，容易被土壤充分吸收和保持；大雨或暴雨，则雨水来不及被土壤吸收，形成径流，而从地表流失。一般说来，在沙壤土上，降雨3～4毫米，可以湿透土层一指左右，而比较黏重、不易渗水的土壤，湿透一指，则需要降雨4～5毫米。

7 月 5 日	——————— 天 文 时 刻 ———————			
	天亮	04 时 19 分	天黑	20 时 19 分
	日出	04 时 51 分	日没	19 时 46 分

今日历史气候值		
日平均气温	26.9℃	
日平均最高气温	32.0℃	
日平均最低气温	22.2℃	
日极端最高气温	40.6℃	（2010 年）
日极端最低气温	16.1℃	（1951 年）
日最大降水量	309.4 毫米	（1891 年）
日最大风速	12.0 米 / 秒	（1968 年）

【气象知识】

暴雨防范小知识

暴雨期间尽量不要外出，尽可能绕过积水严重地段，在积水中行走要注意观察，防止跌入坑（洞）及窨井。家住平房的居民应在雨季来临之前检查房屋，维修房顶。在山区旅游时，注意防范山洪。上游来水突然混浊、水位上涨较快时，须特别注意。

暴雨天驾车出行应避开以往容易积水的地区和路段，切勿盲目驶入未知深度积水和急流中。如果汽车沉没水中，应先解锁车门打开车窗，多观察水线位置和周边情况，准备逃离，如果车窗无法打开而水位又迅速上涨，就设法砸碎玻璃逃生。对容易积水的地方提前了解，绕行为好，以免碰到积水造成的交通拥堵或车辆熄火。驾车出行尽量避开傍晚下班交通高峰时段，并慎重考虑晚上的出行计划。连续暴雨天气，地下停车场可能淹水，请特别注意。

7月6日

———————— 天 文 时 刻 ————————			
天亮	04时19分	天黑	20时19分
日出	04时51分	日没	19时46分

今日历史气候值		
日平均气温	27.1℃	
日平均最高气温	32.1℃	
日平均最低气温	22.0℃	
日极端最高气温	40.2℃	（1942年）
日极端最低气温	16.8℃	（1951年）
日最大降水量	65.9毫米	（1998年）
日最大风速	15.0米/秒	（1965年）

【气象知识】

强对流天气和预报

强对流天气生消迅速，从生成到消亡往往只有几个小时到十几个小时。对流天气产生在以垂直方向发展为主的直展云系中，其水平方向范围相对较小，上升速度快，极易产生强对流天气或灾害性天气，如局地短时暴雨、雷雨大风、冰雹等。典型的强对流天气系统有龙卷风和飑线。强对流天气多发生在夏季，夏季气温高、湿度大，为对流产生提供了有利的温度层结和水汽条件。

强对流天气是目前天气预报中的一个大难题，这主要是因为这种天气出现范围很小，生命史又极短，很难捕捉到它的信息。俗话说"雹打一条线""雨隔一条路""东边日出西边雨"等，这些都形象说明对流天气的局地性。对于这种时间尺度和空间尺度都很小的强对流天气，在现代天气预报中，主要是加强对它的监测，通过监测做出提前1～3小时的短时临近预报。

7月7日	------------- 天 文 时 刻 -------------			
	天亮	04 时 20 分	天黑	20 时 18 分
	日出	04 时 52 分	日没	19 时 46 分

今日历史气候值		
日平均气温	26.4℃	
日平均最高气温	31.1℃	
日平均最低气温	22.2℃	
日极端最高气温	38.0℃	（1932 年）
日极端最低气温	18.3℃	（1963 年）
日最大降水量	330.5 毫米	（1890 年）
日最大风速	14.0 米 / 秒	（1976 年）

【气候】

小 暑

每年 7 月 7 日前后，当太阳到达黄经 105° 时，为小暑节气。据《月令七十二候集解》云："暑，热也，就热之中分为大小，月初为小，月中为大，今则热气犹小也。"故曰小暑。

小暑到来，标志我国大部分地区进入炎热季节，农谚有"小暑交大暑，热得无处躲"的说法。但小暑并不是一年中最炎热的时间，故农谚又有"小暑不算热，大暑正伏天"的说法。每年小暑节时气温有高有低，后期天气也不一样。预测下一个节气的谚语有"小暑凉飕飕，大暑热熬熬"；预测一个季度的有"小暑过热，九月早冷"；预测半年的有"小暑大暑不热，小寒大寒不冷"。

7月8日	------------ 天 文 时 刻 ------------			
	天亮	04 时 21 分	天黑	20 时 18 分
	日出	04 时 53 分	日没	19 时 46 分

今日历史气候值		
日平均气温	26.5 ℃	
日平均最高气温	31.4 ℃	
日平均最低气温	22.0 ℃	
日极端最高气温	37.8 ℃	（1926 年）
日极端最低气温	17.0 ℃	（1958 年）
日最大降水量	150.4 毫米	（1890 年）
日最大风速	15.0 米 / 秒	（1976 年）

【历史个例】

历史上的北京大水灾

清朝嘉庆六年（1801 年）阴历六月初五起，华北地区连降暴雨，以致山洪陡发，河水暴涨，卢沟桥孔不能宣泄，永定河水于卢沟桥以上漫溢决口，大水直泻长辛店、良乡、宛平城向东南，有一股水直奔北京。永定门外、右安门外、广安门外、阜成门外皆成泽园，水深 1～2 米。大批村庄被洪水冲毁，幸存灾民聚集于一些高阜孤点，岌岌可危。直至中旬末，大水方退。据当时有关官员奏报，宛平、大兴二县灾民近 19 000 名，冲毁房屋 5200 余间，冲走 35 人。房山、涿州、良乡灾民近 2 万，冲毁房屋 9300 余间。事后统计，直隶 128 个州县的耕地一半以上皆因涝绝收，余者也只有 5 成收成。

这是北京历史上比较严重的一次涝灾。

7月9日

———————— 天 文 时 刻 ————————			
天亮	04 时 22 分	天黑	20 时 17 分
日出	.04 时 53 分	日没	19 时 45 分

今日历史气候值

日平均气温	26.0℃	
日平均最高气温	31.0℃	
日平均最低气温	21.6℃	
日极端最高气温	39.8℃	（1922 年）
日极端最低气温	17.5℃	（1969 年）
日最大降水量	97.5 毫米	（1955 年）
日最大风速	15.7 米 / 秒	（1979 年）

【灾害与防御】

暴雨预警信号

暴雨指 24 小时降水总量大于 50 毫米的降雨。

暴雨预警信号分蓝色、黄色、橙色、红色四级表示。

暴雨预警信号的划分标准：预计未来可能出现下列条件之一或实况已达到下列条件之一并可能持续。

暴雨蓝色预警信号：（1）雨强（1 小时降雨量）达 30 毫米以上；（2）6 小时降雨量达 50 毫米以上。

暴雨黄色预警信号：（1）雨强（1 小时降雨量）达 50 毫米以上；（2）6 小时降雨量达 70 毫米以上。

暴雨橙色预警信号：（1）雨强（1 小时降雨量）达 70 毫米以上；（2）6 小时降雨量达 100 毫米以上。

暴雨红色预警信号：（1）雨强（1 小时降雨量）达 100 毫米以上；（2）6 小时降雨量达 150 毫米以上。

7月10日	---------------- 天文时刻 ----------------			
	天亮	04 时 23 分	天黑	20 时 17 分
	日出	04 时 54 分	日没	19 时 45 分

今日历史气候值		
日平均气温	26.3℃	
日平均最高气温	31.1℃	
日平均最低气温	22.0℃	
日极端最高气温	39.9℃	（1922 年）
日极端最低气温	17.3℃	（1956 年）
日最大降水量	74.4 毫米	（1893 年）
日最大风速	12.3 米/秒	（1956 年）

【灾害与防御】

暴雨防御指南

根据预警信号的程度不同，采取相应的预防措施。

中、小学、幼儿园上、下学应由成人带领，情况严重时可提前或推迟上学、放学时间，采取适当措施，确保学生、幼儿上学、放学和在校期间的安全。

驾驶人员应当及时了解交通信息和路况，遇到路面或立交桥下积水过深应尽量绕行并听从交警指挥，切勿涉入积水不明路段，汽车如陷入深积水区应迅速下车转移。

行人应避开桥下，尤其是下凹式立交桥、涵洞等低洼地区，注意不要在高楼或大型广告牌下躲雨、停留，以免被坠落物砸伤。山区人员要防范山洪，避免渡河，不要沿河床或山谷行走，注意防范山体滑坡、滚石、泥石流；如发现高压线塔倾倒、电线低垂或断折要远离，切勿触摸或接近。

应检查电路、燃气等设施是否安全，切断低洼地带有危险的室外电源，暂停在空旷地方的户外作业，危旧房及山洪地质灾害易发区内人员应及时转移到安全地点。居住在病险水库下游、山体易滑坡地带、泥石流多发区、低洼地区、有结构安全隐患房屋等危险区域人群应迅速转移到安全区域。

7月11日	天 文 时 刻			
	天亮	04时23分	天黑	20时16分
	日出	04时55分	日没	19时45分

今日历史气候值		
日平均气温	26.5℃	
日平均最高气温	31.2℃	
日平均最低气温	22.2℃	
日极端最高气温	39.6℃	（2001年）
日极端最低气温	16.4℃	（1929年）
日最大降水量	90.5毫米	（1958年）
日最大风速	11.0米/秒	（1974年）

【气象与健康】

人在炎热时为什么会出汗

人体基础代谢产生的热量，每小时可使人的体温升高2℃，为了维持正常体温，人体必须不断地散发热量。人体散热的主要方式有4种。

传导：人体内部热量通过传导和血液循环传到体表，再由体表传导给周围物体。

对流：通过贴近身体空气的流通带走热量。

辐射：人体以发射红外线方式向四周辐射热量。通常辐射方式散发的热量占总散发热量的40%～60%。

蒸发：一是呼吸时在肺泡和呼吸道表面蒸发，每天约蒸发200～400毫升；二是汗液在皮肤表面蒸发。

随着气温升高，传导、辐射和对流散发的热量越来越少，当气温接近于皮肤温度时，人体主要靠蒸发来散热。因此，天气炎热时，人体近200万条汗腺加紧向外排汗，这些汗液蒸发时从皮肤上吸收大量热量，使体温不至于上升太高。

7 月 12 日	天 文 时 刻			
	天亮	04 时 24 分	天黑	20 时 16 分
	日出	04 时 55 分	日没	19 时 44 分

今日历史气候值		
日平均气温	26.7℃	
日平均最高气温	31.3℃	
日平均最低气温	22.5℃	
日极端最高气温	38.8℃	（2000 年）
日极端最低气温	18.2℃	（1951 年）
日最大降水量	167.1 毫米	（1892 年）
日最大风速	8.7 米 / 秒	（1974 年）

【气象与健康】

发生中暑的气象条件

中暑的发生不仅和气温有关，还与湿度、风速、劳动强度、高温环境、暴晒时间、体质强弱、营养状况及水盐供给等情况有关。诱发因素也很复杂，但其中主要因素还是气温。根据气象特点，可将发生中暑现场小气候分为两类：一类是干热环境，这是以高气温、强辐射热及低湿度为特点，相对湿度常在40%以下；另一类为湿热环境，气温高，湿度高，但辐射热并不强。由于气温在 35 ～ 39 ℃时，人体 2/3 余热通过出汗散发，此时如果周围环境潮湿，汗液则不易蒸发。据实验得出，导致中暑发生的条件有：相对湿度 85%，气温 30 ～ 31 ℃；相对湿度 50%，气温 38 ℃；相对湿度 30%，气温 40 ℃。

7月13日	---------- 天 文 时 刻 ----------			
	天亮	04时25分	天黑	20时15分
	日出	04时56分	日没	19时44分

今日历史气候值		
日平均气温	26.3℃	
日平均最高气温	30.9℃	
日平均最低气温	22.1℃	
日极端最高气温	38.9℃	（2015年）
日极端最低气温	17.9℃	（1947年）
日最大降水量	96.0毫米	（1994年）
日最大风速	15.2米/秒	（1956年）

【气象与健康】

中暑的特征

中暑是人体在高温和热辐射的长时间作用下，机体体温调节出现障碍，水、电解质代谢紊乱及神经系统功能损害症状的总称，是热平衡机能紊乱而发生的一种急症。

中暑程度可分为三级。

先兆中暑：高温环境中，大量出汗、口渴、头昏、耳鸣、胸闷、心悸、恶心、四肢无力、注意力不集中，体温不超过37.5℃。

轻症中暑：具有先兆中暑的症状，同时体温在38.5℃以上，并伴有面色潮红、胸闷、皮肤灼热等现象；或者皮肤湿冷、呕吐、血压下降、脉搏细而快的情况。

重症中暑：除以上症状外，发生昏厥或痉挛；或不出汗、体温在40℃以上。

7 月 14 日	天 文 时 刻			
	天亮	04 时 26 分	天黑	20 时 15 分
	日出	04 时 56 分	日没	19 时 43 分

今日历史气候值		
日平均气温	26.7℃	
日平均最高气温	31.5℃	
日平均最低气温	22.2℃	
日极端最高气温	41.1℃	（2002 年）
日极端最低气温	17.3℃	（1965 年）
日最大降水量	167.8 毫米	（1879 年）
日最大风速	16.5 米 / 秒	（1967 年）

【气象与健康】

中暑的预防

外出时躲避烈日，夏日出门记得要备好防晒用具，最好不要在 10—16 时在烈日下行走，因为这个时间段的阳光最强烈，发生中暑的可能性是平时的 10 倍，特别是老年人、孕妇及患有心血管疾病的人，在高温季节要尽可能地减少外出活动。

在炎热的夏季，防暑降温药品一定要备在身边，以备应急之用，如十滴水、人丹、风油精等。

夏季出汗较多时可适当补充一些盐水，弥补人体因出汗而失去的盐分。另外，人体也容易缺钾，使人感到倦怠疲乏，含钾茶水是极好的消暑饮品。

夏天日长夜短，气温高，人体新陈代谢旺盛，消耗也大，容易感到疲劳。充足的睡眠，可使大脑和身体各系统都得到放松，既利于工作和学习，也是预防中暑的措施。

7月15日	天 文 时 刻			
	天亮	04时26分	天黑	20时14分
	日出	04时57分	日没	19时43分

今日历史气候值		
日平均气温	26.5℃	
日平均最高气温	31.1℃	
日平均最低气温	22.2℃	
日极端最高气温	40.5℃	（1943年）
日极端最低气温	17.2℃	（1915年）
日最大降水量	177.4毫米	（1924年）
日最大风速	12.2米/秒	（1967年）

【气象知识】

地球上哪里雨最多

世界上雨最多的地方在威尔里尔和乞拉朋齐。夏威夷群岛的威尔里尔，年平均降水量达 11 680 毫米，而印度的乞拉朋齐，1861 年曾出现年降水量 20 447 毫米的纪录。1960 年 8 月到 1961 年 7 月，出现了 26 461.2 毫米的最高纪录。

年降水量达 1000 毫米的地方，已经相当湿润了。可是，印度洋上的留尼汪岛，1952 年 3 月 15—16 日测到了 24 小时降水量 1870 毫米的最高纪录。美国弗尼吉亚州，1969 年飓风袭击时，测到了 5 小时降水量达 787.4 毫米。西印度群岛中瓜德罗普岛的巴尔斯特，1970 年 11 月 26 日测到一分钟的降水量达 31.2 毫米。

有些地方降水量不大，却常常下着雨。智利南部的巴希亚·菲利克斯，平均每年都有 325 天在下雨。1961 年这一年，只有 17 天没有下过雨。

7 月 16 日	——————— 天 文 时 刻 ———————			
	天亮	04 时 27 分	天黑	20 时 14 分
	日出	04 时 58 分	日没	19 时 42 分

今日历史气候值		
日平均气温	27.1℃	
日平均最高气温	32.0℃	
日平均最低气温	22.5℃	
日极端最高气温	39.5℃	（1972 年）
日极端最低气温	16.6℃	（1969 年）
日最大降水量	110.5 毫米	（1960 年）
日最大风速	9.7 米 / 秒	（1960 年）

【气象知识】

大雨、中雨和小雨是怎样划分的

天气预报广播中，经常提到小雨、大雨等名词，这些降水等级是怎样划分的呢？

气象部门根据24小时降水量的多少,把降雨划分为几个等级: 0.1～9.9毫米为小雨；10.0～24.9 毫米为中雨；25.0～49.9 毫米为大雨；50.0～99.9 毫米为暴雨；100.0～249.9 毫米为大暴雨；250 毫米为特大暴雨。这些等级是根据雨量器测量得的降水量划分的。各地区还可根据本地区的特点，划分具体的标准。在日常生活中，我们也可以凭感觉来判断雨的大小。一般说来，雨滴清楚可辨，落到地上不回溅，雨声缓和的是小雨；雨落如线，雨滴不易分辨，落到地面上四溅，雨声沙沙响的是中雨；雨降如倾盆，模糊一片，落到地上四溅高跳，地面形成水潭，雨声哗哗的是大雨；比大雨更猛烈的则是暴雨。

7月17日	天 文 时 刻			
	天亮	04时28分	天黑	20时13分
	日出	04时59分	日没	19时42分
今日历史气候值				

日平均气温	26.8℃	
日平均最高气温	31.6℃	
日平均最低气温	22.9℃	
日极端最高气温	40.0℃	（1945年）
日极端最低气温	17.1℃	（1940年）
日最大降水量	128.5毫米	（1894年）
日最大风速	11.7米/秒	（1966年）

【气象知识】

水分循环

水分循环是指与水的相变相联系的大气圈、水圈、陆圈和生物圈内部以及相互之间的水分交换。水从陆地、江河湖海中蒸发，从植物蒸腾进入大气，然后通过大气运动向高空和其他方向输送，并发生凝结，形成雾和各种各样的云。在适当的时候，水又以雨、雪等形式降落在地面，地面又开始蒸发，形成无休止的循环。

水分循环是大气环流和气候形成的基本物理过程之一，与水循环相联系的潜热释放和交换，在大气能量平衡中占有重要地位。

7月18日	天 文 时 刻			
	天亮	04 时 29 分	天黑	20 时 13 分
	日出	05 时 00 分	日没	19 时 41 分

今日历史气候值		
日平均气温	26.3℃	
日平均最高气温	31.1℃	
日平均最低气温	22.1℃	
日极端最高气温	38.4℃	（1940 年）
日极端最低气温	14.4℃	（1890 年）
日最大降水量	99.9 毫米	（1919 年）
日最大风速	12.0 米 / 秒	（1972 年）

【历史个例】

北京一次高温闷热天气

1981 年 7 月 18—23 日和 7 月 29 日—8 月 2 日，北京市先后持续 5 ～ 6 天的高温闷热天气，据调查当时各药店痱子粉脱销，病人死亡率增多，全市牛奶产量减少 25％，鸡蛋产量也大幅度降低。工农业生产均受影响，据统计 1981 年是新中国成立以来因高温而减产的最严重的一年。也是 1944 年至 1981 年持续高温闷热时间最长的一年，高温期间有些地区三层楼以上曾一度无水。

7 月 19 日	——————— 天 文 时 刻 ———————			
	天亮	04 时 30 分	天黑	20 时 12 分
	日出	05 时 01 分	日没	19 时 41 分

今日历史气候值		
日平均气温	26.6℃	
日平均最高气温	31.3℃	
日平均最低气温	22.5℃	
日极端最高气温	38.9℃	（1944 年）
日极端最低气温	17.6℃	（1995 年）
日最大降水量	158.5 毫米	（1890 年）
日最大风速	30.0 米 / 秒	（1972 年）

【历史个例】

世界上最大的一次降雹和最重的冰雹块

冰雹是坚硬的球状、锥状或形状不规则的固态降水，一般从积雨云中降下。冰雹的单个冰球叫雹块，雹块中有一个可以分辨出来的生长中心，叫作雹胚。雹胚外面有透明冰层和不透明冰层相间组成，一般冰雹的直径在 5 毫米左右，大的可达 10 厘米以上。

世界最大的一次降雹发生于 1928 年 7 月 6 日，在美国内布拉斯加州的博达。这次空前的降雹，使当地的冰雹堆积达 3～4.6 米高，其中一个冰雹周长 431.8 毫米，重 680 克，是当时世界最重的冰雹块。1970 年 3 月 9 日，美国堪萨斯州科菲维尔的一次降雹中，一块冰雹直径 190 毫米，周长 444.5 毫米，重 750 克，为迄今已知的世界最重的冰雹块。

7月20日	--------------- 天 文 时 刻 ---------------			
	天亮	04时31分	天黑	20时11分
	日出	05时02分	日没	19时40分

今日历史气候值		
日平均气温	27.0℃	
日平均最高气温	31.5℃	
日平均最低气温	23.1℃	
日极端最高气温	38.6℃	（1944年）
日极端最低气温	17.1℃	（1940年）
日最大降水量	253.5毫米	（2016年）
日最大风速	15.0米/秒	（1973年）

【气象与农事】

气象与农事（7月）

本月春玉米处于拔节期，主要农业气象灾害是初夏旱，具体气象指标是6月下旬至7月上旬降水35毫米以下，土壤相对湿度65%以下。针对初夏旱应采取合理灌溉，根据降雨的气候规律调节播期，选用抗旱品种培肥地力，选用生长调节剂如抗旱剂、生根粉等措施。另外，在施肥时，应保证该时段内降雨30毫米以上且施肥当天无雨，透雨后能进地为最佳追肥时间，宜在早上8—10时和下午4时以后进行，追肥后结合实施中耕除草培土。

本月苹果、葡萄等作物应保证日平均气温20～27℃、光照7小时以上、平均空气相对湿度50%～65%，注意病虫害的防治、抗旱保果、预防高温热害、排水防涝、人工防雹等。

7 月 21 日	―――――――― 天 文 时 刻 ――――――――			
	天亮	04 时 32 分	天黑	20 时 10 分
	日出	05 时 03 分	日没	19 时 40 分

今日历史气候值		
日平均气温	27.4 ℃	
日平均最高气温	31.9 ℃	
日平均最低气温	23.2 ℃	
日极端最高气温	38.7 ℃	（1943 年）
日极端最低气温	18.5 ℃	（1957 年）
日最大降水量	161.3 毫米	（1959 年）
日最大风速	9.4 米 / 秒	（1970 年）

【历史个例】

"7·21" 北京特大暴雨

2012 年 7 月 21—22 日北京及周边地区遭遇暴雨及洪涝灾害，全市平均降水量 191 毫米，为新中国成立以来最大的一次暴雨。根据北京市政府举行的灾情通报会的数据显示，此次暴雨造成 79 人死亡，房屋倒塌 10 660 间，160.2 万人受灾，经济损失 116.4 亿元。此次降雨过程导致北京受灾面积 16 000 平方千米，成灾面积 14 000 平方千米，全市受灾人口 190 万人，其中房山区 80 万人。全市道路、桥梁、水利工程多处受损，全市民房多处倒塌，几百辆汽车受损。

在 "7·21" 特大自然灾害中，房山是重灾区。根据气象观测站的统计数据，截至 7 月 22 日 3 时许，全市最大降雨地为房山河北镇，降水量高达 460 毫米，达特大暴雨级别。气象专家解读这一降水量时表示，这就相当于地面平均积了半米深的水。

7 月 22 日	────── 天 文 时 刻 ──────			
	天亮	04 时 33 分	天黑	20 时 09 分
	日出	05 时 03 分	日没	19 时 39 分

今日历史气候值		
日平均气温	27.6℃	
日平均最高气温	32.2℃	
日平均最低气温	23.4℃	
日极端最高气温	38.4℃	（1955 年）
日极端最低气温	18.5℃	（1918 年）
日最大降水量	166.2 毫米	（1932 年）
日最大风速	11.7 米 / 秒	（1973 年）

【气象知识】

我国降水量极值

最大年降水量为台湾火烧寮的 8409 毫米。

最小年降水量为新疆托克逊，仅 5.9 毫米。

一日最大降水量是台湾新寮的 1672 毫米。

年平均降水日数以四川峨眉山的 263.5 天为最多。

年平均降水日数以新疆吐鲁番托克逊的 8.3 天为最少。

年平均大雨（日雨量 ≥ 25 毫米）日数以云南西盟 36.5 天为最多。

年最长连续降水日数（日雨量 ≥ 0.1 毫米为起算降水日）是云南沧源的 96 天（1962 年 7 月 14 日至 10 月 17 日）。

年最长连续无降水日数（<0.1 毫米为无降水日）是新疆吐鲁番托克逊的 350 天（1979 年 9 月 28 日到 1980 年 9 月 11 日）。

7 月 23 日	— — — — — — — 天 文 时 刻 — — — — — — —			
	天亮	04 时 34 分	天黑	20 时 08 分
	日出	05 时 04 分	日没	19 时 38 分

今日历史气候值		
日平均气温	26.9℃	
日平均最高气温	31.4℃	
日平均最低气温	23.0℃	
日极端最高气温	37.9℃	（1999 年）
日极端最低气温	17.8℃	（1918 年）
日最大降水量	48.6 毫米	（1952 年）
日最大风速	12.0 米 / 秒	（1973 年）

【气候】

大　暑

每年 7 月 23 日前后太阳到达黄经 120° 时为大暑节气。这时正值中伏前后，我国大部分地区常为一年最热时期，大家都知道"热在三伏"。大暑一般处在三伏里的中伏阶段。这时在我国大部分地区都处在一年中最热的阶段，俗语说"小暑大暑，上蒸下煮"就是这个意思，此时也是喜热作物生长速度最快时期。

有时遇上反常年份，大暑天气并不太热。因此，根据大暑的热与不热，有不少预测后期天气的农谚。"大暑热，田头歇""大暑凉，水满塘""大暑热，秋后凉""大暑热得慌，四个月无霜"。

7月24日	---------------- 天 文 时 刻 ----------------			
	天亮	04 时 35 分	天黑	20 时 07 分
	日出	05 时 05 分	日没	19 时 37 分
今日历史气候值				
日平均气温	27.0℃			
日平均最高气温	31.8℃			
日平均最低气温	22.8℃			
日极端最高气温	41.9℃		（1999 年）	
日极端最低气温	18.1℃		（1941 年）	
日最大降水量	154.0 毫米		（1893 年）	
日最大风速	8.3 米 / 秒		（1963 年）	

【气象知识】

"七下八上"的暴雨和伏旱

"七下八上"指七月下旬和八月上旬华北地区和北京降雨集中期和大雨暴雨的多发期。历史资料显示，这段时间平均降雨量是 125.9 毫米，占全年降水量的 23.7%。最大日降水量出现过 253.5 毫米，最多降雨日数达 18 天。

副热带高压的位置和强度是决定北京主汛期雨量多少的根本原因。北京地处中纬度，七月后上空盛行西南风，暖湿气流增多，当副热带高压脊线向北移到北纬 35° 一带时，冷暖空气交汇在其北部和西部边缘，产生大范围多频次的降雨。八月后期副热带高压减弱，北京降雨明显减少，强度减弱。当副热带高压的位置或强度异常，会使雨带脱离北京，极易造成各种农作物的干旱，形成"伏旱"，不仅会影响农业生产，而且对城市运行和市民生活也会带来严重影响。

7 月 25 日	—————— 天 文 时 刻 ——————			
	天亮	04 时 36 分	天黑	20 时 06 分
	日出	05 时 06 分	日没	19 时 36 分

今日历史气候值		
日平均气温	26.6 ℃	
日平均最高气温	30.6 ℃	
日平均最低气温	22.7 ℃	
日极端最高气温	37.5 ℃	（1999 年）
日极端最低气温	18.1 ℃	（2006 年）
日最大降水量	79.0 毫米	（1883 年）
日最大风速	18.0 米 / 秒	（1956 年）

【气象知识】

热带气旋的命名

国际上统一的热带气旋命名法是由热带气旋形成并影响的周边国家和地区共同事先制定的一个命名表，然后按顺序年复一年地循环重复使用。命名表首先给出英文名，各个成员国家或地区可以根据发音或意义将命名译至当地语言。当一个热带气旋名称被使用，造成某个或多个成员国家或地区的巨大损失，这个名称将会永久除名并停止使用，遭遇损失的成员国家或地区可以向世界气象组织（WMO）提出上诉，将名称除名。

在有国际统一的命名规则以前，有关国家和地区对同一台风往往有数个称呼。我国按其发生的区域和时间先后进行四码编号，前两位为年份，后两位为顺序号。为了避免名称混乱，1997 年 11 月 25 日至 12 月 1 日，在香港举行的 WMO 台风委员会第 30 次会议决定，西北太平洋和南海的热带气旋采用具有亚洲风格的名字命名，并决定从 2000 年 1 月 1 日起开始使用新的命名方法。

7月26日	天文时刻			
	天亮	04 时 37 分	天黑	20 时 05 分
	日出	05 时 07 分	日没	19 时 35 分

今日历史气候值		
日平均气温	26.8℃	
日平均最高气温	31.2℃	
日平均最低气温	22.9℃	
日极端最高气温	36.7℃	（1920 年）
日极端最低气温	17.1℃	（1975 年）
日最大降水量	111.6 毫米	（1889 年）
日最大风速	10.0 米 / 秒	（1961 年）

【气象知识】

"伏"与"九"

农历中的"伏"表示阴气受阳气所迫藏伏在地下的意思，每年有三个伏。从夏至开始，依照干、支纪日的排列，第三个庚日为初伏，第四个庚日为中伏，立秋后第一个庚日为末伏。庚是天干（天干是甲、乙、丙、丁、戊、己、庚、辛、壬、癸十个字 ）的一个字，庚日每十天重复一次，所以初伏到中伏是十天，而中伏到末伏有时是十天，有时是二十天。三伏天是一年中最热的季节。

"九"是以冬至日为起算点计算时令，每九天为一个九，每年九个九共八十一天。三九、四九是全年最寒冷的季节。"九九"歌反映了日期与物候的关系。

头九二九不出手，三九四九冰上走。五九六九，河边看杨柳。七九河开，八九雁来。九九加一九，耕牛遍地走。

7月27日	------------- 天 文 时 刻 -------------			
	天亮	04时38分	天黑	20时04分
	日出	05时08分	日没	19时34分

今日历史气候值		
日平均气温	26.6℃	
日平均最高气温	30.9℃	
日平均最低气温	22.8℃	
日极端最高气温	37.5℃	（1944年）
日极端最低气温	16.6℃	（1989年）
日最大降水量	74.3毫米	（1942年）
日最大风速	11.7米/秒	（1957年）

【灾害与防御】

台 风

台风是指发生在西太平洋的南海、中心附近最大风力达12～13级的热带气旋。据统计，全世界每年有2万多人死于台风，台风每年造成的经济损失达60亿美元之多。1971年11月孟加拉湾一次强台风就造成100多万人无家可归，30万人死亡。

全世界每年出现台风约80个，每年5—11月台风均可能在中国登陆，以7—9月次数最多。台风所带来的灾害主要是大风、海浪和暴雨。我国从辽宁到广西沿海都常遭受台风袭击。有时还能直接影响到北京。例如1972年7月27—28日，受3号台风袭击，北京北部山区降特大暴雨，引起山洪和泥石流暴发，造成巨大损失。

7月28日	——————— 天 文 时 刻 ———————			
	天亮	04 时 39 分	天黑	20 时 03 分
	日出	05 时 09 分	日没	19 时 33 分

今日历史气候值		
日平均气温	26.8℃	
日平均最高气温	31.2℃	
日平均最低气温	23.0℃	
日极端最高气温	37.6℃	（2003 年）
日极端最低气温	18.2℃	（1991 年）
日最大降水量	78.1 毫米	（1924 年）
日最大风速	9.7 米 / 秒	（1957 年）

【灾害与防御】

台风预警信号

台风是发生在热带洋面上的深厚热带气旋，它会带来狂风、暴雨、风暴潮，引起所经之处房倒、树拔、船翻、洪涝，造成人民生命财产重大损失，是气象灾害中破坏力最大的灾害之一。台风也是引发北京暴雨的天气形势之一。

台风预警信号分四级，分别以蓝色、黄色、橙色和红色表示。

台风蓝色预警信号划分标准：24 小时内可能或者已经受热带气旋影响，平均风力达 6 级以上，或者阵风 8 级以上并可能持续。

台风黄色预警信号划分标准：24 小时内可能或者已经受热带气旋影响，平均风力达 8 级以上，或者阵风 10 级以上并可能持续。

台风橙色预警信号划分标准：12 小时内可能或者已经受热带气旋影响，平均风力达 10 级以上，或者阵风 12 级以上并可能持续。

台风红色预警信号划分标准：6 小时内可能或者已经受热带气旋影响，平均风力达 12 级以上，或者阵风达 14 级以上并可能持续。

7 月 29 日	——————— 天 文 时 刻 ———————			
	天亮	04 时 40 分	天黑	20 时 02 分
	日出	05 时 10 分	日没	19 时 32 分

今日历史气候值		
日平均气温	27.3 ℃	
日平均最高气温	31.6 ℃	
日平均最低气温	23.7 ℃	
日极端最高气温	38.1 ℃	（1999 年）
日极端最低气温	18.1 ℃	（1991 年）
日最大降水量	224.7 毫米	（1883 年）
日最大风速	10.0 米 / 秒	（1975 年）

【灾害与防御】

台风防御指南

紧闭室内每个门窗，用胶条对门窗进行密封，并在窗玻璃上贴上米字形胶条。以免强风席卷散物击破玻璃伤人；排查和清除室内电路、炉火、煤气阀等设施隐患，确保房屋及建筑物安全。

加固门窗、围板、棚架、广告牌等易被风吹动的搭建物，切断危险的室外电源。

人员不宜出行，出行时避免使用自行车等人力交通工具。遇到大风大雨，应立即到室内躲避，不要在广告牌、铁塔、大树下或近旁停留；停止一切室外水上活动。

停止露天集体活动、高空等户外危险作业和室内大型集会，并做好人员转移工作；幼儿园和中小学必要时可停课；中心商业区及时加强防雨、防风措施，并关门停业；船只立即停驶。

机动车驾驶员要关注路况，听从指挥，避开道路积水和交通阻塞区段，或及时将车开到安全处或地下停车场。

台风眼经过时，强风暴雨会突然转为风停雨止的短时平静状况，不要急于外出，应在安全处多待1～2小时，待确认台风完全过境后再外出；台风过后，应注意卫生和食品、水的安全。注意台风预报，不去台风可能经过的地区旅游。

7 月 30 日	天文时刻			
	天亮	04 时 41 分	天黑	20 时 01 分
	日出	05 时 11 分	日没	19 时 31 分

今日历史气候值		
日平均气温	27.3 ℃	
日平均最高气温	31.5 ℃	
日平均最低气温	23.6 ℃	
日极端最高气温	37.2 ℃	（1965 年）
日极端最低气温	17.5 ℃	（1954 年）
日最大降水量	95.6 毫米	（1949 年）
日最大风速	13.3 米 / 秒	（1962 年）

【气象与健康】

高温与车内有害气体

高温时车内有害气体的挥发量会大幅提升，上车后不宜紧闭车窗打开空调。研究表明，当周围环境温度升至 35 ℃以上时，封闭的轿车内部温度会在 15 分钟内达到 65 ℃。在这样的高温下，甲醛、苯、甲苯、二甲苯等挥发性有机物的挥发量是正常时的 5 ～ 7 倍。

车内挥发性有机物主要来自 5 个方面：一是皮革；二是门板、中控台等塑料件；三是织物；四是为隔音、隔热、减震而喷涂的胶等；五是座椅泡沫或泡沫隔音棉等。

因此，夏季上车应注意以下步骤：第一步，先打开四门、车窗通风；第二步，启动车辆，打开空调风机（先不按 A/C 按钮），将空调系统中的热空气吹走；第三步，开启空调制冷，保持车窗开启；第四步，空调制冷 1 分钟后，关闭车窗。

7 月 31 日	———————— 天 文 时 刻 ————————			
	天亮	04 时 42 分	天黑	20 时 00 分
	日出	05 时 11 分	日没	19 时 30 分

今日历史气候值		
日平均气温	27.1℃	
日平均最高气温	31.4℃	
日平均最低气温	23.2℃	
日极端最高气温	37.8℃	（1920 年）
日极端最低气温	16.2℃	（1954 年）
日最大降水量	244.2 毫米	（1959 年）
日最大风速	10.3 米 / 秒	（1965 年）

【气象与生活】

夏季注意预防汽车自燃

夏季天气炎热，气温常常会达到 35℃以上，车内温度会更高，因此做好汽车保养和检查，排除汽车自燃等安全隐患是十分重要的。

1. 检查部件，发动机汽油滤清器故障、线路故障、电源线路老化，或者汽车长途超负荷装载致使发动机各部件不停运转造成温度升高，这些都可能导致汽车自燃起火。

2. 车内不留危险物品，日常生活中的打火机、香水、空气清新剂等如果放在车内，车辆在暴晒后可能导致上述物品发生爆炸。

3. 灭火器是随车必备的装置。很多车主并不了解灭火器的正确使用方法，或从不检查灭火器是否能正常工作，这样一旦发生紧急情况，也无法开展自救。

4. 大部分自燃发生之前都会有前兆，如局部冒烟、有焦煳味等。如果车主发现车辆异常，不要勉强继续行驶，应迅速停车，万一遇到汽车火灾，车主要保持冷静，车内人员应赶紧撤离现场并及时报警，等待消防部门救援。

气象北京365 —————— 8月份

8月1日	天文时刻			
	天亮	04 时 43 分	天黑	19 时 59 分
	日出	05 时 12 分	日没	19 时 29 分

今日历史气候值		
日平均气温	26.8℃	
日平均最高气温	31.3℃	
日平均最低气温	23.0℃	
日极端最高气温	35.6℃	（2000 年）
日极端最低气温	16.9℃	（1975 年）
日最大降水量	117.7 毫米	（1956 年）
日最大风速	10.0 米／秒	（1959 年）

【气候】

北京 8 月气候概况

本月仍然维持炎热多雨的天气。

气温通常在 20 ～ 30℃之间，月平均气温为 25.5℃。大雨到来之前往往感到闷热，烦躁。历史上，8月份最高气温 38.3℃（1951 年 8 月 8 日），最低气温 11.3℃（1942 年 8 月 27 日）。

月降水量 138.2 毫米，占年降水量的三分之一。降水日数 11.4 天，地面潮湿，衣物和食物很容易发霉和霉烂。

本月仍是防汛关键时期，特别是北京西部和北部山区，是华北地区有名的多暴雨区，应搞好防洪、防雹、防雷雨大风和防雷电等工作。市民仍应注意防暑降温。

8月2日	———————— 天文时刻 ————————			
	天亮	04 时 44 分	天黑	19 时 58 分
	日出	05 时 13 分	日没	19 时 28 分

今日历史气候值		
日平均气温	26.7 ℃	
日平均最高气温	31.0 ℃	
日平均最低气温	22.7 ℃	
日极端最高气温	36.5 ℃	（2003 年）
日极端最低气温	16.4 ℃	（1952 年、1970 年）
日最大降水量	91.3 毫米	（1925 年）
日最大风速	8.3 米 / 秒	（1960 年）

【历史个例】

我国沙漠地区的特大暴雨

1977 年 8 月 1—2 日，陕西省榆林地区和内蒙古乌审旗交界处的毛乌素沙漠出现了当地历史上罕见的特大暴雨。据调查，1 日 8 时到 2 日 8 时，24 小时降水量超过 100 毫米的面积约 8000 平方千米，500 毫米以上降水区范围约 900 平方千米，最大降水中心可能是乌审旗什拉淖海，据群众对防雹筒内积水深度估计，24 小时雨量可达 1050 毫米。若根据坛子内积水估计，当地 24 小时最大雨量甚至可达 1850 毫米。这是我国并也许是世界沙漠地区中的最大暴雨了。

8月3日	————— 天文时刻 —————			
	天亮	04时45分	天黑	19时57分
	日出	05时14分	日没	19时27分

今日历史气候值		
日平均气温	26.3℃	
日平均最高气温	30.9℃	
日平均最低气温	22.4℃	
日极端最高气温	36.0℃	（1944年）
日极端最低气温	17.4℃	（1958年）
日最大降水量	115.1毫米	（1956年）
日最大风速	12.3米/秒	（1974年）

【气象知识】

雨点的形状

漫画家常把雨点画得跟眼泪一样，其实，雨点的真正形状是底部凹陷的扁平小圆盘。

在外界条件理想状态下，所有的水滴都是球形的，因为球形在结构上最紧密。按常理，雨点在空中形成并开始降落时应是球状的，假如没有来自外界力量的冲击，雨点落到地面前保持着原来的球状。

外界作用于雨点的第一种力，叫作流体静压。流体静压使液态物质底部紧缩，并且由于顶部的重压，液态物质底部也变平。雨点虽然很轻，但也受到流体静压的影响，这就决定了流体的形状，同时，雨点降落时，空气动力压（物体通过空气时，空气作用于物体上的力）也阻挡雨点下降，因此雨点的底部变成凹进去的形状，这是作用在雨点上的第二种外力。雨点越大，其形状受外力影响越大。

8 月 4 日	————— 天 文 时 刻 —————			
	天亮	04 时 46 分	天黑	19 时 55 分
	日出	05 时 15 分	日没	19 时 25 分
今日历史气候值				
日平均气温	26.5℃			
日平均最高气温	30.9℃			
日平均最低气温	23.0℃			
日极端最高气温	36.8℃	（1923 年）		
日极端最低气温	15.9℃	（1971 年）		
日最大降水量	98.2 毫米	（1963 年）		
日最大风速	9.7 米 / 秒	（1957 年）		

【历史个例】

"63·8" 暴雨

1963 年 8 月 4—8 日的暴雨过程是北京历史上有名的 "63·8" 暴雨过程。这次暴雨过程是受西南低涡不断移入和北上的影响，从 8 月 4 日开始在北京城区及西北部一带降暴雨，暴雨中心在西城区和海淀区一带，松林闸日雨量达 129.7 毫米。8 月 5 日仅个别地方降暴雨；8 月 6 日早晨，西南低涡再次影响北京，同日夜间暴雨中心在房山十渡，其日雨量为 194.5 毫米。8 月 7 日，暴雨中心移至昌平五家园一带，其日雨量达 325.2 毫米。8 月 8 日雨区东移，暴雨中心在朝阳区来广营，日雨量多达 463.5 毫米。8 月 9 日，暴雨雨区开始东撤，仅东南部的大兴、通州一带达到暴雨程度，但强度已明显减弱，至 8 月 9 日夜间，全市雨方终止。

8月5日	—————— 天 文 时 刻 ——————			
	天亮	04 时 47 分	天黑	19 时 54 分
	日出	05 时 16 分	日没	19 时 24 分

今日历史气候值		
日平均气温	26.3 ℃	
日平均最高气温	30.5 ℃	
日平均最低气温	22.8 ℃	
日极端最高气温	35.6 ℃	（1984 年）
日极端最低气温	15.6 ℃	（1940 年）
日最大降水量	91.4 毫米	（1996 年）
日最大风速	11.0 米 / 秒	（1957 年）

【历史个例】

北京水系下游的两次特大水灾

北京的主要水系均流经河北、天津而入渤海，历史上由于这些河流出险造成下游洪水灾害的事屡有发生，1939 年北京连降暴雨，潮白、永定、大清河相继决口，淹没河北省 116 个县，洪水侵入天津市达两个月之久。

1963 年 8 月上旬河北省、北京市连降暴雨，各主要河流同时涨水，不少河流相继决口，有的中、小水库垮坝，使河北省淹没 101 个县，平地行洪宽达 100 千米。中断交通、通信一个月之久。在这次洪水期，河北省降水中心日降水量达 865 毫米，总降水量达 2052 毫米。北京北运河的沙河闸和酒仙桥日降水量均达 400 毫米。

8月6日	天 文 时 刻			
	天亮	04 时 48 分	天黑	19 时 53 分
	日出	05 时 17 分	日没	19 时 23 分
今日历史气候值				

日平均气温	26.3 ℃	
日平均最高气温	30.5 ℃	
日平均最低气温	22.6 ℃	
日极端最高气温	36.1 ℃	（1984 年）
日极端最低气温	14.8 ℃	（1940 年）
日最大降水量	93.9 毫米	（1959 年）
日最大风速	9.0 米 / 秒	（1972 年）

【气象知识】

爆发性气旋

爆发性气旋，也称"气象炸弹"，指在有利的条件下，在中高纬度的洋面上出现的一种迅速发展的温带气旋，其在短时间内地面中心气压急剧下降，加深率常可达 24 百帕 / 日，风力同时迅速增加到 30 米 / 秒。爆发性气旋主要是海洋现象，最常发生在大西洋与太平洋的西部，主要集中在冬半年。

8月7日	———————— 天 文 时 刻 ————————			
	天亮	04时49分	天黑	19时52分
	日出	05时18分	日没	19时22分

今日历史气候值		
日平均气温	26.1℃	
日平均最高气温	30.3℃	
日平均最低气温	22.5℃	
日极端最高气温	37.2℃	（1951年）
日极端最低气温	15.9℃	（1940年）
日最大降水量	78.3毫米	（1975年）
日最大风速	12.0米/秒	（1972年）

【气候】

立 秋

每年8月7日或8日。太阳到达黄经135°时为立秋节气。据《月令七十二候集解》载："秋，揪也，物于此而揪敛也。"立秋节气的到来，不仅表示秋天的开始，也预示着草木开始结果孕子，收获季节到了。

立秋后，天气渐渐转凉，农谚有"早立秋凉飕飕，晚立秋热死牛""立秋一日，水冷三分"之说。但江南的"秋老虎"却也有它的威力。

风是预测立秋后天气较好的依据，一般是北风兆晴，南风兆雨。农谚有"秋前南风雨潭潭"等说法。

8月8日	──────────── 天 文 时 刻 ────────────			
	天亮	04时50分	天黑	19时50分
	日出	05时19分	日没	19时21分
今日历史气候值				
日平均气温	26.1℃			
日平均最高气温	30.9℃			
日平均最低气温	22.0℃			
日极端最高气温	38.3℃		（1951年）	
日极端最低气温	15.2℃		（1940年）	
日最大降水量	143.6 毫米		（1878年）	
日最大风速	10.0 米/秒		（1967年）	

【气象知识】

高空急流

在对流层中、上层等压面上，经常有弯弯曲曲环绕着半球、宽度几千米，水平温度梯度最大（等温线最密集）的带状区域，这就是高空锋区，也称行星锋区。根据热成风原理，水平温度梯度大的区域热成风也大，因此在它的上空必然有一个强风带存在。当风速达到或超过30米/秒时，即为高空急流。观测表明，中纬地区对流层经常出现对流层锋区，水平梯度分量由南指向北，故西风风速随高度迅速增加，因此在其上空经常出现西风急流。急流常与高空锋区联系在一起，因此也可把急流看作锋区在高空风场上的表现形式。在急流的下方，常有气旋及云雨天气发生，降水较多。北半球上空的急流，按其所在的位置和经常出现的高度，可分为温带急流、副热带急流和热带东风急流。

8月9日	━━━━━━━━ 天 文 时 刻 ━━━━━━━━			
	天亮	04 时 51 分	天黑	19 时 40 分
	日出	05 时 20 分	日没	19 时 20 分

今日历史气候值		
日平均气温	26.3℃	
日平均最高气温	30.8℃	
日平均最低气温	22.2℃	
日极端最高气温	37.3℃	（2007 年）
日极端最低气温	16.8℃	（1968 年）
日最大降水量	212.2 毫米	（1963 年）
日最大风速	11.0 米 / 秒	（1956 年）

【行业气象】

气象与保险

气象与保险行业的关系是通过气象部门及时向保险部门和投保户提供气象信息，保险部门督促投保户对不利天气切实采取防御措施，以减少因气象灾害造成的损失来实现的。气象与保险工作相结合是减轻自然灾害的一条有效途径。

气象保险，就是由用户向保险公司投保气象险。如果实际出现的天气状况超出保险公司与用户的约定范围时，由保险公司向用户理赔。

在国外，购买气象保险已经形成一项业务习惯。比如，气象保险在日本已经形成"气候"。天气保险 1997 年首先由东京海上自动火灾保险公司推出，立即受到观光旅游、休闲娱乐、饭店、服装、冷饮等对大气敏感的行业关注，日本各大保险公司也纷纷介入。天气保险种类很多，各具特色。代表性天气保险有 "樱花险""酷暑险""浮冰险""台风险""足球世界杯天气险" 等。

8 月 10 日	———————— 天 文 时 刻 ————————			
	天亮	04 时 52 分	天黑	19 时 48 分
	日出	05 时 21 分	日没	19 时 19 分

今日历史气候值		
日平均气温	26.5 ℃	
日平均最高气温	31.3 ℃	
日平均最低气温	22.4 ℃	
日极端最高气温	35.8 ℃	（1945 年）
日极端最低气温	15.6 ℃	（1978 年）
日最大降水量	61.9 毫米	（1953 年）
日最大风速	8.0 米 / 秒	（1967 年）

【历史个例】

一次局地暴雨灾害

1969 年 8 月 10 日夜间，怀柔和密云交界的枣树林、莲花瓣附近出现大暴雨，5 小时内普遍降雨 100 ～ 200 毫米，引起山洪暴发，冲走一个村庄，伤亡 130 余人，房屋倒塌 907 间，冲毁、淹没农田 40 余万亩，冲走粮食约 20 万千克。怀柔县（现怀柔区）北部 7 个公社电讯中断。京承铁路 26 号桥墩倾斜，致使 354 次列车的机车和一节行车厢脱轨翻到李河中。

8月11日	—————— 天文时刻 ——————			
	天亮	04时53分	天黑	19时47分
	日出	05时22分	日没	19时18分

今日历史气候值		
日平均气温	26.4℃	
日平均最高气温	31.1℃	
日平均最低气温	22.3℃	
日极端最高气温	37.7℃	（1945年）
日极端最低气温	16.8℃	（1967年、1977年）
日最大降水量	54.8毫米	（2000年）
日最大风速	10.3米/秒	（1957年）

【气象知识】

天气预报中的"锋"指什么

在天气预报中，我们经常可以听到某地区未来将受冷锋或暖锋影响。"锋"指什么呢？锋是指两个不同气团之间相交的界面。当冷空气推动暖空气运动时，称为冷锋；当暖空气推动冷空气运动时，称为暖锋。

冷锋是冷空气把相遇的暖空气"抬起"，使暖空气迅速上升冷却。夏季，冷锋前后会出现较剧烈的天气变化，从而产生局地暴雨、大风或冰雹天气。冷锋过后，天气变得晴朗而干燥，气温明显下降。

暖锋是暖空气沿冷空气不断爬升，逐渐冷却而形成云和雨。暖锋到来时，最初在高空只有一些纤细的卷云，后来逐渐演变成较厚的层状云，随着云层不断降低加厚，地面可能出现连续性的降雨。

8 月 12 日	—————— 天文时刻 ——————			
	天亮	04 时 54 分	天黑	19 时 46 分
	日出	05 时 23 分	日没	19 时 16 分

今日历史气候值		
日平均气温	26.3 ℃	
日平均最高气温	30.8 ℃	
日平均最低气温	22.4 ℃	
日极端最高气温	35.9 ℃	（2009 年）
日极端最低气温	16.1 ℃	（1944 年）
日最大降水量	66.5 毫米	（1957 年）
日最大风速	16.0 米 / 秒	（1998 年）

【气象知识】

地面锋的分类

根据锋在移动过程中冷暖气团所占的主次地位，可将锋分为冷锋、暖锋、准静止锋和锢囚锋 4 种。

1. 冷锋：锋面在移动过程中，冷气团起主导作用，推动锋面向暖气团一侧移动，冷锋过境后，冷气团占据了原来暖气团所在的位置。

2. 暖锋：锋面在移动过程中，暖气团起主导作用，推动锋面向冷气团一侧移动，暖锋过境后，暖气团占据了原来冷气团所在的位置。

3. 准静止锋：冷暖空气势力相当，锋面移动缓慢时，称为准静止锋。事实上，绝对的静止是没有的，而是冷暖气团互相争斗，使锋面来回摆动。

4. 锢囚锋：暖气团、较冷气团和更冷气团三种性质不同的气团相遇时先构成两个锋面，然后其中一个锋面追上另一个锋面，即形成锢囚锋。锢囚锋又可分为暖式锢囚锋、冷式锢囚锋和中性锢囚锋。

8 月 13 日	天 文 时 刻			
	天亮	04 时 55 分	天黑	19 时 44 分
	日出	05 时 24 分	日没	19 时 15 分

今日历史气候值		
日平均气温	25.9℃	
日平均最高气温	30.6℃	
日平均最低气温	21.9℃	
日极端最高气温	36.5℃	（1924 年）
日极端最低气温	14.4℃	（1970 年）
日最大降水量	152.2 毫米	（1959 年）
日最大风速	6.5 米 / 秒	（1964 年）

【气象知识】

气 团

天气变化具有一定的周期性，冷、热、晴、雨往往交替出现，这种天气变化与气团和气团的活动有关。气团是一大团空气，它覆盖着一个很大的地区，在这个地区内各处的温度和湿度大致相同。

海洋上空形成的气团叫海洋气团，较潮湿。陆地上形成的气团叫大陆气团，较干燥。极地附近形成的气团叫极地气团，较寒冷。热带附近形成的气团叫热带气团，较温暖。

冬半年活跃在我国的主要是极地大陆气团；夏半年除了极地大陆气团外，还有热带海洋气团和热带大陆气团，我国南方还会受到赤道气团的影响。

8 月 14 日	——————— 天 文 时 刻 ———————			
	天亮	04 时 56 分	天黑	19 时 43 分
	日出	05 时 25 分	日没	19 时 13 分

今日历史气候值		
日平均气温	25.8 ℃	
日平均最高气温	30.5 ℃	
日平均最低气温	21.8 ℃	
日极端最高气温	35.8 ℃	（2010 年）
日极端最低气温	16.2 ℃	（1958 年）
日最大降水量	65.5 毫米	（2011 年）
日最大风速	11.0 米 / 秒	（1976 年）

【气象知识】

炎热的非洲

非洲是世界第二大洲，赤道横贯中部，有 3/4 的地区处于热带，95%以上的地区年平均气温在 20 ℃以上，因而是世界最热的洲，阿非利加一词，意即"阳光灼热"。埃塞俄比亚的达卢尔，年平均最高气温 34.4 ℃，是非洲最高的年平均气温纪录。索马里的柏培拉，位于北纬 10°26′，7月平均最高气温曾达 47.2 ℃。利比亚西北部的阿济济亚绝对最高气温达58 ℃。非洲地处热带，阳光直射，地面受热多；其次，中部受副热带高气压控制，干热的下沉气流加强了炎热程度；还有撒哈拉沙漠的影响。这些都是造成非洲大陆炎热的原因。

8 月 15 日	---------------- 天 文 时 刻 ----------------			
	天亮	04 时 57 分	天黑	19 时 41 分
	日出	05 时 26 分	日没	19 时 12 分

今日历史气候值		
日平均气温	25.8℃	
日平均最高气温	30.5℃	
日平均最低气温	21.9℃	
日极端最高气温	35.4℃	（2010 年、2015 年）
日极端最低气温	15.5℃	（1984 年）
日最大降水量	88.9 毫米	（1951 年）
日最大风速	15.8 米 / 秒	（1954 年）

【气象知识】

高压和低压

地球表面的不同地区，会有不同的气压。在天气图上标有蓝色"H"的，即为高压区，标有红色"L"的，即为低压区。空气也和水一样，能够流动，通常，总是从高压区流向低压区。

高压区是在海拔相同情况下，中心气压高于毗邻四周气压的区域，亦称为反气旋。因受地转偏向力的作用，高压区的气流在北半球呈顺时针旋转，高压区的空气，往往有下沉运动，天气晴朗，但有时也会出现雾。

低压区是指中心气压低于四周气压的区域，亦称作气旋。低压区的气流自外向内流动，低压区的空气，往往有上升运动，常有云、雨和降水出现。

8 月 16 日	天 文 时 刻			
	天亮	04 时 58 分	天黑	19 时 40 分
	日出	05 时 27 分	日没	19 时 11 分

今日历史气候值		
日平均气温	25.2 ℃	
日平均最高气温	29.6 ℃	
日平均最低气温	21.4 ℃	
日极端最高气温	35.3 ℃	（1994 年）
日极端最低气温	15.7 ℃	（1967 年）
日最大降水量	139.2 毫米	（1882 年）
日最大风速	11.5 米 / 秒	（1957 年）

【其他】

南水北调

"南水北调工程"，是指把长江流域水资源自其上游、中游、下游，结合中国疆土地域特点，分东、中、西三线抽调部分送至华北与淮海平原和西北地区水资源短缺地区。工程方案构想始于 1952 年国家主席毛泽东视察黄河时提出。工程规划的东、中、西线干线总长度达 4350 千米。东、中线一期工程干线总长为 2899 千米，沿线六省市一级配套支渠约 2700 千米。

2012 年 9 月，南水北调中线工程丹江口库区移民搬迁全面完成。2016 年 1 月 8 日 10 时南水北调东线台儿庄泵站开机运行，标志着东线一期工程 2015—2016 年度供水开始。

经过数年建设，南水北调京内输水工程已经形成一条闭合的地下输水环路，共同组成了字母"O"的形状。城六区及大兴、通州、门头沟、昌平等区的 1100 多万市民已用上了"南水"。

8 月 17 日	--------------- 天 文 时 刻 ---------------			
	天亮	05 时 00 分	天黑	19 时 37 分
	日出	05 时 22 分	日没	19 时 08 分

今日历史气候值		
日平均气温	25.4℃	
日平均最高气温	30.0℃	
日平均最低气温	21.4℃	
日极端最高气温	36.1℃	（2013 年）
日极端最低气温	15.0℃	（1966 年）
日最大降水量	85.1 毫米	（1955 年）
日最大风速	14.7 米 / 秒	（1957 年）

【气象知识】

帆船"逆风"航行

空气作用于帆的力：一种是动压力，即当空气流动的时候，对挡住去路的物体能产生冲击力。帆船顺风行驶时，就是靠空气的动压力推动前进的。另一种是静压力，当船帆的两侧空气流速不同的时候，就会产生压强差。这是因为气体流动速度越大的地方，静压力越小；流速愈小的地方，静压力愈大。这样气体流速小的一侧对流速大的一侧产生一个侧向的压力，这个力就是静压力。当帆船逆风航行时，正是在这个静压力的推动下前进的。

船帆之所以能够产生静压力，是因为帆具有像机翼一样的弧形。由于机翼及帆的两侧形状不同，当气流流过机翼或帆时，机翼的上面和帆的突出一侧的气流流速要快，另一侧气流流速慢。正是这个压强差使机翼产生了向上的升力，也使帆船获得了向前的动力。当保持船头与海风的方向呈 30°～40° 角时，推动效率最高。

8 月 18 日	天 文 时 刻			
	天亮	05 时 00 分	天黑	19 时 37 分
	日出	05 时 25 分	日没	19 时 08 分

今日历史气候值		
日平均气温	25.6℃	
日平均最高气温	30.1℃	
日平均最低气温	21.4℃	
日极端最高气温	36.3℃	（1926 年）
日极端最低气温	16.8℃	（1949 年）
日最大降水量	114.8 毫米	（1959 年）
日最大风速	8.7 米 / 秒	（1965 年）

【气象知识】

对流层

对流层是地球大气的最底层。多年观测表明，对流层的上界随纬度和季节而变化：在热带平均为 17～18 千米；温带平均为 10～12 千米；高纬和两极地区只有 8～9 千米。夏季对流层的上界高于冬季。

对流层虽薄，但却集中了整个大气总量的 3/4，是与人类生产、生活关系最密切的一层。对流层有三大特点：

1. 温度随高度增加而降低，到对流层顶时，已降到零下 50～60℃，真是"高处不胜寒"。

2. 除了水平运动之外，大气还经常产生上上下下的垂直运动，气象上称为对流，或许这就是对流层得名的原因。

3. 由于水汽充沛和对流强烈，使得对流层成为各种天气现象活动的舞台，我们在对流层内可以看到美丽的云彩、雷鸣电闪、漫天大雪和狂风暴雨等各种天气现象。

8月19日	———————— 天 文 时 刻 ————————			
	天亮	05时01分	天黑	19时35分
	日出	05时30分	日没	19时06分
今日历史气候值				
日平均气温	25.0℃			
日平均最高气温	29.6℃			
日平均最低气温	21.0℃			
日极端最高气温	34.3℃	（1943年）		
日极端最低气温	14.7℃	（1941年）		
日最大降水量	144.0毫米	（1881年）		
日最大风速	8.7米/秒	（1966年）		

【气象知识】

平流层

平流层位于对流层之上，它的下部层又称"等温层"，这一段温度随高度基本保持不变。等温层之上(20～50千米高度)，温度随高度增加而增加，主要是这一层内臭氧含量多，吸收太阳紫外辐射造成增温。

平流层内，垂直运动很少发生，主要为水平运动(平流)，故由此而得名。此层中，水汽和微尘都很少，所以常常是晴空万里，加上没有对流层中常见的颠簸，这些条件很适于飞机飞行。

在平流层中还能观测到一些像彩虹一样的云，称为贝母云，它们很可能是由细小冰晶组成的。近代观测还发现，平流层中22千米高度附近存在一个气溶胶层，它的浓度与火山爆发有关，气候变化的阳伞效应就与此有关，另外，平流层中的"爆发性增温"现象(在1～2天内，平流层温度骤升30～40℃)也是众所关注的研究课题。

8 月 20 日	———————— 天 文 时 刻 ————————			
	天亮	05 时 02 分	天黑	19 时 34 分
	日出	05 时 30 分	日没	19 时 05 分

今日历史气候值		
日平均气温	24.8℃	
日平均最高气温	29.7℃	
日平均最低气温	20.5℃	
日极端最高气温	36.5℃	（1921 年）
日极端最低气温	14.0℃	（1933 年）
日最大降水量	109.2 毫米	（1876 年）
日最大风速	12.0 米 / 秒	（1969 年）

【气象与农事】

气象与农事（8 月）

本月春玉米处于抽雄吐丝、灌浆期，应重点关注的气象灾害包括暴雨、大风以及伏旱，其中暴雨会导致田间积水。大风会造成茎秆的倒伏，影响水分和养分的输送，倒折则伤口以上枯死，光合作用和灌浆停止，严重减产；伏旱会影响玉米的灌浆和粒重以及产量。针对此时期的暴雨灾害，应及时排涝，苗期涝灾在 1 天内及时排涝，中期涝灾在 2～3 天内排涝；针对大风倒伏应选用抗倒品种，合理密植、合理灌溉、合理施肥，灾后通过人工帮扶使根倒或茎倒的玉米恢复生长，重灾如茎折导致绝收的尽快改种；针对伏旱应合理灌溉，培肥地力，选用生长调节剂，如抗旱剂、生根粉等。

本月板栗处于果实膨大期，应在多云或晴天，且 48 小时内无雨、风速小于 3 米 / 秒、空气相对湿度在 60%～80% 时进行防虫打药作业，并且注意预防干旱、大风、冰雹等气象灾害。

8月21日	------------ 天 文 时 刻 ------------			
	天亮	05 时 03 分	天黑	19 时 33 分
	日出	05 时 31 分	日没	19 时 04 分

今日历史气候值		
日平均气温	24.8℃	
日平均最高气温	29.8℃	
日平均最低气温	20.3℃	
日极端最高气温	35.8℃	（2007 年）
日极端最低气温	13.7℃	（1941 年）
日最大降水量	78.9 毫米	（2010 年）
日最大风速	10.7 米 / 秒	（1974 年）

【气象知识】

草坪与环境（一）

草坪的绿色之美，给人以清新、凉爽之感，还具有保护环境、调节小气候的功能。比如：

1. 清新空气，吸收二氧化碳。人类生命一刻也离不开氧气，一公顷的草坪每昼夜能释放氧气 600 千克，同时又能吸收二氧化碳。每人平均有 50 平方米的草坪，就能把呼出的二氧化碳吸收掉。

2. 杀死细菌，净化空气。草坪有较强的杀菌能力，据测定，市中心区公共场所的细菌含量，竟是草坪空间细菌含量的 3 万倍。狗牙根、狗尾草等草坪植物，还能吸收硫化氢、氯气等有害气体。

3. 减少尘埃，减弱风速。俗话说"寸草遮大风"。草坪植物茎叶密集交错，叶片上有很多绒毛，起着滞留和吸附尘埃的作用，据测定，草地上空的粉尘量为裸地的 1/3 ～ 1/6。

8 月 22 日	------------- 天 文 时 刻 -------------			
	天亮	05 时 04 分	天黑	19 时 31 分
	日出	05 时 32 分	日没	19 时 03 分

今日历史气候值		
日平均气温	24.4℃	
日平均最高气温	29.3℃	
日平均最低气温	20.4℃	
日极端最高气温	36.8℃	（2003 年）
日极端最低气温	14.3℃	（1941 年）
日最大降水量	78.9 毫米	（1894 年）
日最大风速	13.3 米 / 秒	（1956 年）

【气象知识】

草坪与环境（二）

草坪在保护环境、调节小气候方面的作用还包括：

1. 调节温度和湿度。草坪可遮挡太阳的照射，同时散出水分降低自身的温度。夏季草坪的地温比裸露地面低；冬季则较高。草坪通过植物叶片的蒸腾作用能增加空气的湿度，如北京天坛公园的大片草坪，可提高附近空气湿度 20% 左右。

2. 减弱噪声。草坪植物茂密的叶片形成松软而富有弹性的地表，像海绵似的吸收声音，减弱噪声危害，20 米宽的草坪，可减弱噪声 2 分贝左右。

3. 固土护坡，保持水土。草坪能减少地表径流、泥土流失。在总降雨量为 340 毫米时，草坪的泥土冲刷量是每亩 6.2 千克，农地 230 千克，农闲地 450 千克。在湖边、堤岸和坡地等倾斜地面种草，对保持水土有重要意义。

8 月 23 日	天 文 时 刻			
	天亮	05 时 05 分	天黑	19 时 30 分
	日出	05 时 33 分	日没	19 时 01 分

今日历史气候值		
日平均气温	25.0℃	
日平均最高气温	29.9℃	
日平均最低气温	20.4℃	
日极端最高气温	34.9℃	（1991 年）
日极端最低气温	14.3℃	（1941 年）
日最大降水量	71.7 毫米	（1929 年）
日最大风速	8.7 米 / 秒	（1972 年）

【气候】

处 暑

每年 8 月 23 日前后太阳到达黄经 150° 时为处暑节气。据《月令七十二候集解》载："七月中，处，止也，暑气至此而止矣。"此后我国大部分地区气温逐渐下降，雨量减少。

处暑前后，正是秋种大忙季节。农谚有"处暑种荞，白露看苗""处暑萝卜白露菜"等说法。因此处暑时降水，非常宝贵。有"处暑处暑，处处要水""处暑雨，滴滴皆是米"等农谚。

群众根据处暑节气的雨、雷、风等气象要素的变化，预测后期天气的谚语很多。如"处暑落了雨，秋季雨水多""处暑雷唱歌，阴雨天气多""处暑一声雷，秋里大雨来"。

8月24日	天文时刻			
	天亮	05时06分	天黑	19时28分
	日出	05时34分	日没	19时00分

今日历史气候值		
日平均气温	25.0℃	
日平均最高气温	29.8℃	
日平均最低气温	20.7℃	
日极端最高气温	34.5℃	（1941年）
日极端最低气温	13.4℃	（1940年）
日最大降水量	89.1毫米	（1949年）
日最大风速	7.0米/秒	（1969年）

【历史个例】

故宫遭雷击失火

1987年8月24日深夜，北京市上空雷声大作，23时左右故宫博物院景阳宫突然起火。雷击过后，故宫保卫人员闻到焦烟味，并发现景阳宫方向冒烟，当即组织救火。几分钟后，31辆消防车赶赴火场，很快控制了火势蔓延，保住了周围配殿。到25日凌晨4时，大火完全扑灭。与此同时，武警战士将宫殿内珍藏的14柜215件珍宝全部抢出。无一丢失。

景阳宫殿高12米，总面积246平方米，于明朝永乐十八年建成。清初和1972年曾两次重修。失火前为工艺馆历代玉器第一列室。这次火灾烧毁屋顶80多平方米，造成经济损失近20万元。

经专家鉴定，这次火灾是雷击造成的。

8 月 25 日	— — — — — — — 天 文 时 刻 — — — — — — — —			
	天亮	05 时 07 分	天黑	19 时 27 分
	日出	05 时 35 分	日没	18 时 58 分

今日历史气候值		
日平均气温	25.0℃	
日平均最高气温	29.9℃	
日平均最低气温	20.4℃	
日极端最高气温	34.2℃	（1993 年）
日极端最低气温	12.3℃	（1951 年）
日最大降水量	109.8 毫米	（1985 年）
日最大风速	10.5 米／秒	（1969 年）

【气象知识】

旅游中的气象景观

旅游中的气象景观类型很多，主要有雨景、云雾景、冰雪景、霞景等。

雨景是旅游中经常遇到的一种自然景观。自古以来，我国形成了许多雨景胜迹，如峨眉山十景之一的"洪椿晓雨"，蓬莱十景之一的"漏天银雨"，还有江南烟雨、巴山夜雨等。

云雾景，山区云蒸雾聚，变幻翻腾，所谓"山无云则不秀"。黄山云海为四绝之一。庐山瀑布云"或听之有声，或嗅之欲醉，团团然若絮，蓬蓬然似海"，奇妙万状。苍山的玉带云，三清山的响云，泰山的云海玉盘，都是奇景。

旅游资源区中以雪命名的景点俯拾皆是，如九华山的"平岗积雪"，嵩山的"少室晴雪"，燕京八景之一的"西山晴雪"，西湖十景之一的"断桥残雪"等都是著名的雪景。

除上述外，还有霞、佛光、蜃景、极光、雾凇、雨凇等多种气象景观。

8 月 26 日	天 文 时 刻			
	天亮	05 时 08 分	天黑	19 时 25 分
	日出	05 时 36 分	日没	18 时 56 分

今日历史气候值		
日平均气温	24.8℃	
日平均最高气温	29.8℃	
日平均最低气温	20.7℃	
日极端最高气温	35.7℃	（1941 年）
日极端最低气温	13.6℃	（1940 年）
日最大降水量	71.4 毫米	（2011 年）
日最大风速	12.0 米 / 秒	（1974 年）

【气象知识】

动物与天气变化（一）

燕子："燕子低，披蓑衣。"由于燕子是以捕食小虫为主要食物，当天气转坏而要下雨时，空气湿度增大，小虫的翅膀上附着小水滴而变软，不能高飞，燕子为了捕食小虫，也就跟着低飞。

蜜蜂：蜜蜂最适宜于天气晴朗、气压较高的情况下飞行。另外，天气愈好，植物花蕊分泌的甜汁愈多，诱惑蜜蜂的能力也愈大。早晨蜜蜂都出窝采蜜，天气晴，傍晚迟迟不回窝，明天继续晴朗，反之，则预示阴雨将来临。

蜻蜓：天气转坏时，气压降低，空气中湿度增加，使翅膀发潮，只能低飞，甚至掠地飞行，预示大雨将要来到。所以有"蜻蜓高，晒得焦，蜻蜓低，一坝泥"的说法。

259

8 月 27 日	------------- 天 文 时 刻 -------------			
	天亮	05 时 09 分	天黑	19 时 23 分
	日出	05 时 37 分	日没	18 时 54 分

今日历史气候值		
日平均气温	24.7℃	
日平均最高气温	29.8℃	
日平均最低气温	20.2℃	
日极端最高气温	34.5℃	（1923 年）
日极端最低气温	11.3℃	（1942 年）
日最大降水量	84.4 毫米	（1978 年）
日最大风速	9.0 米 / 秒	（1972 年）

【气象知识】

动物与天气变化（二）

蝉：蝉的叫声是由它的腹部发音器的薄膜振动而发出的。据一般观察，夏天由雨转晴前 2 小时左右，蝉就叫，而在晴天转阴雨时，则蝉不叫。这是因为下雨前，它的发音薄膜潮湿，振动不灵，相反，天气转好，空气干燥，薄膜振动有力。

鸡与鸭：傍晚，鸡迟迟不愿入笼，是下雨的预兆。由于雨前住在洞里的小虫因闷热而多爬出地面附着在草叶上，给鸡造成了觅食的好机会。和鸡相反，鸭在天气转坏前进窝早，它的习性喜高温高湿。

蚂蚁：天气转坏时，蚂蚁显得非常忙碌，有的忙于往高处搬家，有些则来回运土垒窝。一般说，垒窝越高，降水也就越大。还有一种大黑蚂蚁垒的窝，往往在次日风的来向部分垒得高些。

8月28日	天 文 时 刻			
	天亮	05 时 10 分	天黑	19 时 21 分
	日出	05 时 38 分	日没	18 时 53 分

今日历史气候值		
日平均气温	24.6℃	
日平均最高气温	29.9℃	
日平均最低气温	20.1℃	
日极端最高气温	34.6℃	（1959 年）
日极端最低气温	11.9℃	（1972 年）
日最大降水量	28.8 毫米	（1947 年）
日最大风速	9.3 米 / 秒	（1964 年）

【气象知识】

动物与天气变化（三）

鹁鸪鸟：在不同天气里它的叫声是不一样的。晴好天气，它不急不慢地叫着"咕咕咕……"，声音清脆，没有拖音；天快转阴雨时，就连叫"咕咕咕—咕……"声叫得重，拖音长。

黄鹂鸟：发出类似猫叫的声音，往往是天气即将转阴雨的征兆；如果发出长笛般的声音，则是天气转晴的预兆。

喜鹊：清晨发出婉转自如的叫声，边叫边跳，意味着天气晴好；如果在树枝上飞飞落落，鸣声参差不齐，则预示阴雨将来临。喜鹊忙碌地贮藏粮食，预示不久将有连绵阴雨。

猫头鹰：夏秋季节，日出或黄昏时，猫头鹰两三声连叫，并在树枝东跳西跳，很不安宁，叫声低沉像哭泣，那是天将下雨的象征。

8 月 29 日	————————— 天 文 时 刻 —————————			
	天亮	05 时 11 分	天黑	19 时 20 分
	日出	05 时 39 分	日没	18 时 51 分

今日历史气候值		
日平均气温	24.5℃	
日平均最高气温	29.8℃	
日平均最低气温	19.8℃	
日极端最高气温	35.1℃	（2012 年）
日极端最低气温	11.8℃	（1979 年）
日最大降水量	50.0 毫米	（1933 年）
日最大风速	9.6 米 / 秒	（1969 年）

【其他】

金鱼生活的适宜环境

金鱼是变温动物，常年生活在水中，其体温随着水温而变化。金鱼在 0～39℃的水中都能生存，而最适于生长的水温是 18～28℃，这时金鱼食欲旺盛，喜欢活动，生长发育也快。金鱼繁殖产卵的最适宜水温是 18～22℃，单卵孵化的水温在 20℃时最理想。水温 6℃以下时，金鱼很少摄食。当水温降到 0℃以下时，金鱼就进入冬眠状态。

居民家庭养鱼，通常使用自来水。但自来水中由于含有氯气，不能直接用来养鱼，必须把它转化为熟水后才能用。转换的方法是将自来水注入盆中在日光下曝晒、沉淀 2～3 天即可。换水时新、旧水水温应尽量相同。当水温突然变化 5℃以上时，金鱼往往出现抽搐、狂游等现象，继则患病。

金鱼适宜饲养在阳光充足、通风良好的地方，以上午 6 时至中午之间能晒到太阳且通风良好的地方为宜。

8月30日	——————— 天 文 时 刻 ———————			
	天亮	05时13分	天黑	19时18分
	日出	05时40分	日没	18时50分

今日历史气候值		
日平均气温	24.6℃	
日平均最高气温	29.7℃	
日平均最低气温	19.8℃	
日极端最高气温	33.3℃	（1936年）
日极端最低气温	13.6℃	（1979年）
日最大降水量	46.5毫米	（1947年）
日最大风速	9.3米/秒	（1957年）

【行业气象】

北京的降雨和海绵城市

北京的降水主要集中在7月下旬和8月上旬，短时降水强度大，同时由于北京城市建设的开展，硬化下垫面比例逐年增加，这直接导致城市内涝频发，地表径流增大，大量水土流失，因此在北京大力建设海绵城市有非常积极的作用。

海绵城市是指城市能够像海绵一样，在适应环境变化和应对自然灾害等方面具有良好的"弹性"，下雨时吸水、蓄水、渗水、净水，需要时将蓄存的水"释放"并加以利用。实际上，"海绵城市"建设的关键，就是要不断提升城市雨水综合消化能力。由于传统的城市排水系统建设，秉持"快速排除"和"末端集中"的理念，使得城市的排水管网，随暴雨强度而不断扩建和反复加"粗"。因此，海绵城市建设应转变传统观念，创新思维，强化"源头分散"和"慢排缓释"，让城市变得更加富有"弹性"和"免疫力"，以确保城市真正在涝时能吸水，在旱时能吐水。

8 月 31 日	天 文 时 刻			
	天亮	05 时 14 分	天黑	19 时 17 分
	日出	05 时 41 分	日没	19 时 48 分

今日历史气候值		
日平均气温	24.5 ℃	
日平均最高气温	29.6 ℃	
日平均最低气温	20.0 ℃	
日极端最高气温	33.4 ℃	（1951 年）
日极端最低气温	11.4 ℃	（1972 年）
日最大降水量	83.7 毫米	（1937 年）
日最大风速	10.3 米 / 秒	（1966 年）

【其他】

借助鸟类观测大气运动

阿姆斯特丹大学的学者，借助在 4 个兀鹫身上安装的 GPS 装置，记录它们飞越法国南部大高原的轨迹（其中环形飞行线路指示兀鹫在借助热气流力无须拍动翅膀而获得高度，随后则为持续滑行），分析给出高空气流风速的估计。科学家利用 GPS 装置每 3 秒钟给出的兀鹫位置以及空中鸟类运动信息，估计出高原上空风速和风向以及空气的垂直运动情况。这项研究成果在美国气象学会会刊（BAMS）上在线发表。

气象北京365 ——— **9月份**

9 月 1 日	———————— 天 文 时 刻 ————————			
	天亮	05 时 15 分	天黑	19 时 15 分
	日出	05 时 42 分	日没	18 时 47 分

今日历史气候值		
日平均气温	24.2℃	
日平均最高气温	29.3℃	
日平均最低气温	19.8℃	
日极端最高气温	35.0℃	（2002 年）
日极端最低气温	13.4℃	（1979 年）
日最大降水量	21.3 毫米	（1986 年）
日最大风速	8.5 米 / 秒	（1965 年）

【气候】

北京 9 月气候概况

月初，北京进入秋季，气候凉爽，降水适中，天气晴朗。

气温通常在 14 ～ 25℃之间，月平均气温 20.7℃，正处于人体感觉最舒适的温度范围。历史上，9 月份最高气温达到 35.0℃（2002 年 9 月 1 日），最低气温曾下降到 1.6℃（1922 年 9 月 29 日）。

本月降水显著减少，月降水量只有 48.5 毫米，降水日数 7.5 天，代之以无风少雨、晴空万里的天气，晴天日数达 20 天。

本月天气凉爽，空气清新，各种新鲜水果开始上市，北京市进入秋季旅游旺季。

9 月 2 日

------------- 天 文 时 刻 -------------			
天亮	05 时 16 分	天黑	19 时 14 分
日出	05 时 43 分	日没	18 时 45 分

今日历史气候值		
日平均气温	24.0 ℃	
日平均最高气温	29.2 ℃	
日平均最低气温	19.8 ℃	
日极端最高气温	33.9 ℃	（1992 年）
日极端最低气温	9.7 ℃	（1979 年）
日最大降水量	106.0 毫米	（2014 年）
日最大风速	9.6 米 / 秒	（1967 年）

【气象知识】

我国现代气象创始人

今天是我国著名的地理学家、气象学家竺可桢（1890—1974 年）诞生日，竺可桢是浙江绍兴人。小时候在和农民的接触中他认识到天气变化和农业生产有密切的关系，从此对气象学发生了兴趣。他是我国现代气象事业的创始人，我国第一个自己创办的气象台——南京北极阁气象台就是在他的努力下诞生的。解放后，他担任中国科学院副院长。

关于气候变化的研究，是竺可桢花时间最长、下功夫最深、成就最大的一个领域。他翻阅了大量的古书，把古代的气候和今天做比较。这种研究能帮助我们预测今后气候的变化。竺可桢在 83 岁的时候，把几十年的研究成果写成了一篇《中国近五千年来气候变迁的初步研究》，发表以后，外国报刊纷纷转载，给予很高的评价。

9月3日	天 文 时 刻			
	天亮	05时17分	天黑	19时12分
	日出	05时44分	日没	18时44分

今日历史气候值		
日平均气温	23.0℃	
日平均最高气温	28.0℃	
日平均最低气温	19.0℃	
日极端最高气温	34.1℃	（1935年）
日极端最低气温	12.4℃	（1941年）
日最大降水量	29.9毫米	（1961年）
日最大风速	12.8米/秒	（1961年）

【气象与生活】

美丽短促的秋天

从气候学角度来看，北京的秋天一般是从9月3日开始，到10月25日结束，仅53天。

"四时俱可喜，最好新秋时。"北京的秋天虽然比较短暂，却格外迷人。9，10月里平均气温为13～20℃，大风日数最少，相对湿度平均70%左右，空气凉爽、湿润，素有"秋高气爽"之说。初秋正是各种花草开花结果的季节，度过了炎热夏季的人们，换上了流行的秋季时装，走在摆满鲜花的大街上，感到格外的清爽、迷人。

9，10月份降水过程明显减少，代之以无风少雨、晴空万里的天气，适宜组织旅游和大型社会活动。

9月4日	天 文 时 刻			
	天亮	05 时 18 分	天黑	19 时 10 分
	日出	05 时 44 分	日没	18 时 42 分

今日历史气候值		
日平均气温	23.0 ℃	
日平均最高气温	28.1 ℃	
日平均最低气温	18.6 ℃	
日极端最高气温	34.3 ℃	（1935 年）
日极端最低气温	11.6 ℃	（1931 年）
日最大降水量	39.0 毫米	（1956 年）
日最大风速	13.7 米 / 秒	（1956 年）

【气象知识】

我国近代气象科学的最早传播人

我国近代气象科学与事业的先驱者、传播者、开拓者，算是高鲁、蒋丙然与竺可桢等。但在这几位以前，有一位上海的华蘅芳（1833—1902 年），应当算作今天的我国近代气象科学知识最早的引入者了。当时他在洋务维新派建立的江南制造总局翻译馆里工作，担任翻译自然科学书籍，这是当时全国仅有的接触近代气象科学的部门。为了航海事业的需要，他与外国人合作，利用外国人的口译原著，由他笔述成书，先后合译成我国最早的三部气象科学内容的书：《测候丛谈》《御风要术》《气学丛谈》。

9月5日	------------ 天 文 时 刻 ------------			
	天亮	05 时 18 分	天黑	19 时 08 分
	日出	05 时 45 分	日没	18 时 50 分

今日历史气候值		
日平均气温	22.7℃	
日平均最高气温	28.0℃	
日平均最低气温	18.2℃	
日极端最高气温	34.2℃	（1935 年）
日极端最低气温	11.5℃	（2002 年）
日最大降水量	96.2 毫米	（1936 年）
日最大风速	8.7 米 / 秒	（1963 年）

【气象知识】

我国的南极科考站

南极洲地处地球南端，是围绕南极的大陆，也叫"第七大陆"。南极洲面积约 1400 万平方千米（包括附近岛屿），几乎全部位于南极圈（南纬 66°33′）内。南极大陆平均海拔高度 2350 米，绝大部分面积终年为冰雪所覆盖，只有百分之几的地方在一年的部分时间内没有冰雪覆盖，是动植物生存的地方。南极大陆是世界上最冷、风暴最多、风力最大的陆地。南极洲矿藏丰富，已发现的矿物有煤、石油、天然气、铂、铀、铁、锰、金、银、铜等。

为了了解和开发这一大陆，许多国家都相继在南极建立了科学考察站。我国在 1984 年建成南极长城站，1989 年建成南极中山站。长城站位于南设得兰群岛的乔治王岛上，于 1985 年 1 月 1 日开始气象观测。中山站位于东南极大陆伊丽莎白公主地拉斯曼丘陵的维斯托登半岛上，于 1989 年 2 月 26 日建成。

9月6日	———————— 天 文 时 刻 ————————			
	天亮	05 时 19 分	天黑	19 时 07 分
	日出	05 时 46 分	日没	18 时 39 分
今日历史气候值				
日平均气温	22.6 ℃			
日平均最高气温	28.3 ℃			
日平均最低气温	17.7 ℃			
日极端最高气温	33.4 ℃	（1935 年）		
日极端最低气温	10.5 ℃	（1957 年）		
日最大降水量	59.3 毫米	（1893 年）		
日最大风速	16.0 米 / 秒	（1956 年）		

【气象知识】

航空气象学

航空气象学是气象学科的分支，属于应用气象学。主要研究气象条件同飞行活动、航空技术之间的关系及航空气象服务的技术和方法的一门学科。现代的航空气象学包括航空气象学原理、航空气象探测、航空天气预报、航空气候和航空气象服务自动化等。

民用航空气象直接服务于航空公司、空中交通管理系统和机场，间接服务于旅客公众的航空气象学的应用业务。风、能见度、云、降水等气象要素直接影响飞行活动，是机场最低运行标准的主要指标。各种危险天气如雷暴、闪电、颠簸、积冰、低空风切变、火山灰云、台风等对飞行安全造成严重威胁，这些都是航空气象学主要研究和监测的内容。

9 月 7 日	------------- 天 文 时 刻 -------------			
	天亮	05 时 20 分	天黑	19 时 05 分
	日出	05 时 47 分	日没	18 时 37 分

今日历史气候值		
日平均气温	22.6℃	
日平均最高气温	27.7℃	
日平均最低气温	18.1℃	
日极端最高气温	33.3℃	（1935 年）
日极端最低气温	10.6℃	（1941 年）
日最大降水量	24.8 毫米	（2008 年）
日最大风速	15.7 米 / 秒	（1963 年）

【气候】

白 露

每年 9 月 7 日或 8 日前后太阳到达黄经 165° 时为白露节气。据《月令七十二候集解》载："八月节……阴气渐重，露凝而白也。"这时我国大部分地区天气渐凉，晚上贴近地面的水汽在草木上凝结成为白色的露珠，白露节气也因此而得名。

白露节气的天气变化，常与寒露节气有对应关系，如"白露晴，寒露阴；白露阴，寒露晴""白露有雨，寒露有风"。

白露下雨，预示近期内雨水多，江南各地均有一致的说法。

9月8日

---------------- 天 文 时 刻 ----------------			
天亮	05 时 21 分	天黑	19 时 03 分
日出	05 时 48 分	日没	18 时 36 分

今日历史气候值		
日平均气温	22.1℃	
日平均最高气温	27.0℃	
日平均最低气温	17.5℃	
日极端最高气温	32.4℃	（1944 年）
日极端最低气温	9.3℃	（1951 年）
日最大降水量	37.6 毫米	（1943 年）
日最大风速	7.7 米 / 秒	（1979 年）

【气象知识】

南方涛动与 ENSO

南方涛动是一种行星尺度的振荡现象，用来描述热带东太平洋与热带东印度洋地区气压场反相变化的"跷跷板"现象，即当东太平洋上气压变高（低）时，东印度洋上气压变低（高），而降水的变化方向与气压相反。

厄尔尼诺与南方涛动现象早期学者以为两现象各自独立，但近年来的研究渐渐阐明其关系是一体的两面，故称之为厄尔尼诺—南方涛动现象，学界一般通用缩写为 ENSO。这是一种准周期气候类型，大约每 5 年发生一次，导致这种变动的机制仍在研究中。

9月9日	———————— 天 文 时 刻 ————————			
	天亮	05时22分	天黑	19时01分
	日出	05时49分	日没	18时34分

今日历史气候值		
日平均气温	21.8℃	
日平均最高气温	27.4℃	
日平均最低气温	16.7℃	
日极端最高气温	32.6℃	（2007年）
日极端最低气温	10.7℃	（1957年、1959年、1966年）
日最大降水量	11.8毫米	（1994年）
日最大风速	10.6米/秒	（1967年）

【气象知识】

气象雷达

雷达是 RADAR 的英文音译，而 RADAR 源于 Radio Detection And Ranging 的缩写，即无线电探测与测距。气象雷达可以通过向空间发射脉冲无线电波，根据回波确定探测目标的空间位置、形状、尺度、移动和发展变化等宏观特性，还可以根据回波信号的振幅、相位、频率和偏振度等确定目标物的各种物理特性，它对中小尺度灾害性天气系统的监测和预报有着非常重要的作用。

气象雷达根据探测对象可分为测雨雷达（雨）、云雷达（云）、测风雷达（风）、声雷达（温度）、激光雷达（大气成分）。其中测雨雷达又称天气雷达，它具有高时空分辨率，且是唯一能观测降水三维结构的工具，可用于分析和判定降水回波，确定降水的各种宏观特性和微物理特性，但缺点是观测范围有限。

9月10日	—————— 天文时刻 ——————			
	天亮	05 时 23 分	天黑	19 时 00 分
	日出	05 时 50 分	日没	18 时 33 分

今日历史气候值		
日平均气温	22.0 ℃	
日平均最高气温	27.6 ℃	
日平均最低气温	16.8 ℃	
日极端最高气温	32.6 ℃	（2007 年）
日极端最低气温	7.7 ℃	（1967 年）
日最大降水量	78.8 毫米	（1932 年）
日最大风速	8.4 米 / 秒	（1968 年）

【气象知识】

新仙女木事件

新仙女木事件是指 1 万多年前高纬度地区被冰雪覆盖，由于河流突然改道等原因造成大量冰融淡水注入北大西洋高纬度地区，导致海水盐度降低（从而密度降低）而难以向下沉潜，削弱了温盐环流，致使大洋传送带停运或逆转，扰乱了广大地区的热量传输系统，从而导致地球在此后长达 1000 多年再度陷入冰天雪地中，对亚洲和欧洲早期人类文明的发展造成了破坏。

这一次降温非常突然，在短短十年内地球平均气温下降了 7 ～ 8 ℃。这次降温持续了上千年，直到 11 500 年前，气温才又突然回升。这就是地球历史上著名的新仙女木事件（The Younger Dryas Event）。它的得名来由是：在欧洲这一时期的沉积层中，发现了北极地区的一种草本植物，仙女木的残骸。更早的地层里也有同样的两次发现，分别称为老仙女木事件和新仙女木事件。

9月11日	天 文 时 刻			
	天亮	05时24分	天黑	18时59分
	日出	05时51分	日没	18时31分

今日历史气候值		
日平均气温	21.9℃	
日平均最高气温	28.0℃	
日平均最低气温	16.2℃	
日极端最高气温	33.4℃	（1942年）
日极端最低气温	6.6℃	（1967年）
日最大降水量	25.7毫米	（1881年）
日最大风速	9.7米/秒	（1957年）

【气象知识】

阻塞形势

在西风带长波槽脊的发展演变过程中，长波显著加强，长波槽不断向南加深，长波脊不断向北伸展，其南部与南方暖空气的联系被冷空气切断，在长波脊中形成闭合的暖高压中心，称为阻塞高压，同时在长波槽中形成孤立的闭合的冷低压，称为切断低压，两者往往可同时出现。它们的形成与维持阻挡着上游波动向下游传播，使地面上的气旋和反气旋移动受到阻挡，这种环流形势又称为阻塞形势。

阻塞形势可以影响大范围地区的天气和气候，它的长期维持可以给大范围地区带来干旱和连阴雨，造成气候异常。冬季阻塞形势的破坏与寒潮的爆发有密切的联系，夏季鄂霍茨克海阻塞高压的维持是我国梅雨发生的重要大尺度环流条件。2008年初我国冰雪灾害以及夏季某些强梅雨过程也正是因为受到阻塞高压的影响。

9月12日	天 文 时 刻			
	天亮	05时25分	天黑	18时57分
	日出	05时52分	日没	18时30分

今日历史气候值		
日平均气温	21.7℃	
日平均最高气温	27.8℃	
日平均最低气温	15.8℃	
日极端最高气温	32.4℃	（2010年）
日极端最低气温	8.5℃	（1935年）
日最大降水量	24.7毫米	（1964年）
日最大风速	7.0米/秒	（1968年）

【气象知识】

阳伞效应

火山喷发能够把大量气体和火山灰抛向高空，火山尘幕中的固体粒子可在平流层大气中停留一年以上，它们的存在可以改变平流层的化学成分并造成化学过程异常，从而对大气中的二氧化碳、臭氧等的平衡产生影响。但受火山活动影响最大的，可能是平流层中气溶胶及其光学性质的变化而造成太阳辐射收支的变化。

强火山爆发能在平流层下部形成一个持久的含有硫酸盐粒子的气溶胶层，它们存留在平流层中增加了大气的反射率，因而减少了到达地面的直接太阳辐射，进而导致温度下降，这个影响即被称为"阳伞效应"。一般认为一次较大火山爆发后1～2年，半球或全球平均温度下降0.3℃左右，之后逐渐回升，4～5年后恢复正常。

9 月 13 日	————— 天 文 时 刻 —————			
	天亮	05 时 26 分	天黑	18 时 55 分
	日出	05 时 53 分	日没	18 时 28 分

今日历史气候值		
日平均气温	21.5 ℃	
日平均最高气温	27.3 ℃	
日平均最低气温	16.2 ℃	
日极端最高气温	33.7 ℃	（2003 年）
日极端最低气温	6.4 ℃	（1935 年）
日最大降水量	12.3 毫米	（1947 年）
日最大风速	11.7 米 / 秒	（1961 年）

【气象知识】

京都议定书

1997 年 12 月，《联合国气候变化框架公约》第三次缔约方大会在日本京都召开。149 个国家和地区的代表通过了旨在限制发达国家温室效应气体排放量以抑制全球变暖的《京都议定书》。《京都议定书》于 1998 年 3 月 16 日至 1999 年 3 月 15 日在纽约联合国总部开放供签署，期间共有 84 国签署，并与 2005 年 2 月 16 日强制生效。截至 2011 年已经有 193 个成员，192 个国家和 1 个区域经济一体化组织通过了该议定书，而美国至今仍未签署该条约。《京都议定书》是全球气候合作的里程碑。

9 月 14 日	天 文 时 刻			
	天亮	05 时 27 分	天黑	18 时 54 分
	日出	05 时 54 分	日没	18 时 26 分

今日历史气候值		
日平均气温	21.0℃	
日平均最高气温	26.5℃	
日平均最低气温	16.3℃	
日极端最高气温	32.2℃	（2010 年）
日极端最低气温	9.6℃	（1933 年）
日最大降水量	83.5 毫米	（1958 年）
日最大风速	10.0 米／秒	（1965 年）

【气象知识】

气象奇城

　　风城——我国新疆准噶尔盆地西北部的乌尔禾地区，正对着进入准噶尔盆地的风口。带着砂粒的劲风常年吹蚀着这里的石头，天长地久，竟把这儿的岩石"雕塑"成纪念塔、亭台楼阁、城墙等形状，蔚为壮观，人们把乌尔禾地区称为"风城"。

　　雨城——印度有一个叫乞拉朋济的小山城全年的降雨量平均达到11 418毫米以上，1860 年 8 月至 1861 年 7 月，竟下了 26 461 毫米的雨，创造了世界降雨量的最高纪录，因而得了"雨城"的雅称。

　　旱城——智利的伊基克市的降雨量往往等于零，曾经连续 14 年无雨，有时即使下雨，雨滴也在落地之前蒸腾消散，是名副其实的旱城。

　　雪城——美国的华盛顿，年降雪量多达 1870 毫米。

　　雷城——印度尼西亚的茂物，一年中有 320 多天可闻惊雷。

　　热城——苏丹的喀土穆，平均气温 30℃，热时可达 49℃。

9 月 15 日	———————— 天 文 时 刻 ————————			
	天亮	05 时 28 分	天黑	18 时 52 分
	日出	05 时 55 分	日没	18 时 24 分

今日历史气候值		
日平均气温	20.7℃	
日平均最高气温	26.2℃	
日平均最低气温	15.9℃	
日极端最高气温	32.2℃	（1950 年）
日极端最低气温	7.6℃	（1974 年）
日最大降水量	63.1 毫米	（1956 年）
日最大风速	11.0 米 / 秒	（1959 年）

【气象知识】

为何"一场秋雨一场寒"

"一场秋雨一场寒，十场秋雨要穿棉。"这是民间流传的一句俗话。这种说法有没有科学根据呢？经气象科技工作者研究认为，这种说法不但有道理，而且很形象。原来，入秋后南来的暖湿空气逐渐减弱后退，而北方的冷空气在南下的过程中和逐渐衰退的暖湿空气相遇，就形成一场雨。下雨一次，暖湿空气就失败一次，而向南后退一步，冷空气就会前进一步。几次天气过程后，天气就冷下来了。造成气候变化的根本原因是这时太阳直射光线向南移动，照在北半球的光和热一天天减少，这就有利于冷空气的增强和南下，所以，天气就会不断地变凉。当然，"十场秋雨要穿棉"只是说明秋季一来，天气就一天天变冷了，并不是说真的下了十场雨就要穿棉衣了。

9 月 16 日	天 文 时 刻			
	天亮	05 时 29 分	天黑	18 时 50 分
	日出	05 时 56 分	日没	18 时 23 分

今日历史气候值		
日平均气温	20.5 ℃	
日平均最高气温	25.5 ℃	
日平均最低气温	16.2 ℃	
日极端最高气温	34.4 ℃	（2000 年）
日极端最低气温	7.3 ℃	（1974 年）
日最大降水量	56.9 毫米	（1955 年）
日最大风速	16.5 米 / 秒	（1954 年）

【气象知识】

沃克环流

沃克环流是指南美与西太平洋赤道地区空气的交换，是一种行星尺度的东西向的辐散环流，出现在纬向平面中。对观测资料的研究表明，低纬度地区经向风速要比相应的纬向风速小得多，行星尺度运动主要表现为东西向的环流系统。菲律宾附近及以东的西太平洋暖池与赤道东太平洋的冷水域形成强烈的温度对比，造成了一个在西太平洋印度尼西亚海洋上大气对流强烈，以上升为主，而在赤道东太平洋冷水域上空大气下沉运动的闭合东西向环流圈，称为沃克（Walker）环流。

9月17日	——————— 天 文 时 刻 ———————			
	天亮	05时30分	天黑	18时48分
	日出	05时57分	日没	18时21分

今日历史气候值		
日平均气温	20.4℃	
日平均最高气温	25.8℃	
日平均最低气温	15.8℃	
日极端最高气温	32.4℃	（2006年）
日极端最低气温	5.5℃	（1974年）
日最大降水量	61.2毫米	（1943年）
日最大风速	12.7米/秒	（1955年）

【气象知识】

海市蜃楼

海市蜃楼，简称蜃景，是一种因光的折射和全反射而形成的自然现象，是地球上物体反射的光经大气折射而形成的虚像，它是由于剧烈的温度梯度差引起大气密度分布反常，光线经过时发生明显折射，从而使人们观测到的远处的景物像悬浮在空中的奇异幻景。

海市蜃楼是不常见的一种景观，它多出现在夏天的沿海一带或沙漠中，一般有上现蜃景、下现蜃景和侧现蜃景三种，有时因湍流活动强烈，还会出现更复杂的蜃景。

9月18日	天 文 时 刻			
	天亮	05时31分	天黑	18时47分
	日出	05时58分	日没	18时19分

今日历史气候值		
日平均气温	20.1℃	
日平均最高气温	25.6℃	
日平均最低气温	15.1℃	
日极端最高气温	33.8℃	（2006 年）
日极端最低气温	5.7℃	（1974 年）
日最大降水量	46.5 毫米	（1917 年）
日最大风速	9.7 米 / 秒	（1978 年）

【气象知识】

终年无雨的地方

提起少雨的地方，人们就会想起沙漠来。塔里木盆地是我国雨水最少的地方。塔克拉玛干沙漠东南部的若羌，年平均降水量只有 6 毫米。撒哈拉沙漠东部的开罗，年平均降水量为 28 毫米。地处阿拉伯沙漠边缘的巴林为 81 毫米。但沙漠的平均降水量并不能代表全部降水情况，因为有的年份可能连降数日暴雨，而有的则连续几年滴水不降。特别干旱的是智利的阿塔尔玛沙漠，它是所有沙漠中最为干旱的，1971 年那里才下了 400 年以来第一场雨，是世界的"旱极"。阿塔尔玛沙漠夹在太平洋与安第斯山脉之间，安第斯山脉挡住了所有从东面吹来的风，与世界其他炎热的沙漠一样，阿塔尔玛横跨南回归线，气压很高，非常炎热、干燥。埃及的哈尔加，经常连续几年不降雨。埃及的阿斯旺在 1901—1902年的一年中，滴雨未降，也被认为是最干旱的地区之一。

9月19日	-------------- 天 文 时 刻 ---------------			
	天亮	05 时 32 分	天黑	18 时 45 分
	日出	05 时 59 分	日没	18 时 18 分

今日历史气候值		
日平均气温	19.8℃	
日平均最高气温	24.8℃	
日平均最低气温	15.3℃	
日极端最高气温	32.7℃	（1944 年）
日极端最低气温	5.9℃	（1974 年）
日最大降水量	90.4 毫米	（1889 年）
日最大风速	12.4 米 / 秒	（1968 年）

【气象知识】

测量湿度的方法

湿度是表示空气中水汽含量的物理量，测量空气湿度的主要方法有以下几种：

1. 称量法。这是直接称量出一定体积湿空气中的水汽含量，计算出绝对湿度的方法。它可以准确地测定单位体积空气中所含的水汽量，但操作较繁，测定过程较长。如果设备精密完备，其测量湿度准确度相当高，是湿度计量基准的一级标准，通常作为鉴定校准的基准。

2. 稀释法。这种方法利用吸湿性物质稀释后的形变或电性能变化来测湿度。

3. 露点法。这种方法利用凝结面降温产生凝结时的温度（露点），来求算空气的湿度。

4. 光学法。利用测量水汽对光辐射吸收衰减作用，来测定水汽的含量。

5. 热力学方法。利用蒸发表面冷却降温的程度随湿度而变的原理来测定湿度。主要是干湿球温度表法，是目前最常见最有用的测湿方法。

9 月 20 日	———————— 天文时刻 ————————			
	天亮	05 时 33 分	天黑	18 时 43 分
	日出	06 时 00 分	日没	18 时 16 分

今日历史气候值		
日平均气温	19.4℃	
日平均最高气温	24.8℃	
日平均最低气温	14.8℃	
日极端最高气温	33.6℃	（1944 年）
日极端最低气温	6.4℃	（1977 年）
日最大降水量	55.0 毫米	（1952 年）
日最大风速	10.3 米 / 秒	（1975 年）

【气象与农事】

气象与农事（9 月）

本月夏玉米处于灌浆成熟期，收晒时应注意在天气晴或多云，风力＜5 级时进行，关注的农业气象灾害主要是冷害和霜冻，具体气象指标：冷害为日平均气温 18 ～ 20 ℃；霜冻为日最低气温 0 ℃以下。冷害不利于穗分化、授粉不良以及灌浆受阻，而霜冻会导致穗轴冻坏，粒重下降。应对冷害应根据地区热量条件合理布局品种，适时早播，选用耐冷早熟高产品种；应对霜冻应根据霜冻规律确定合理播期，培养壮苗。

本月苹果处于成熟采收期，主要的农业气象灾害是秋季连阴干旱，针对秋季连阴雨，应在雨季前完成排水沟的挖掘工作，在雨天时及时排涝；针对干旱，应开发水源，及时满足树体对水分的要求，采用耐旱的砧木和品种，加强田间管理，及时中耕除草等有利于水土保持的措施。

9月21日	————————天文时刻————————			
	天亮	05时34分	天黑	18时42分
	日出	06时01分	日没	18时15分

今日历史气候值		
日平均气温	19.2℃	
日平均最高气温	25.5℃	
日平均最低气温	13.6℃	
日极端最高气温	31.4℃	（1935年）
日极端最低气温	5.4℃	（1977年）
日最大降水量	25.8毫米	（2008年）
日最大风速	12.7米/秒	（1972年）

【气象与生活】

红叶观赏气象指数

北京的地形特点为从东南平原到西北山区地势逐渐升高，地形分为平原区、浅山区、深山岭，依据海拔高度和气温不同，红叶自西北山区至东南平原渐次变红，观赏期可从9月下旬到11月中旬后，长达近两个月。

红叶受气候影响明显，根据气温高低、刮风下雨，不同地区的黄栌等植物叶片变红的速度、面积各不相同。红叶观赏气象指数一方面根据天气状况，预测是否适宜登山观赏红叶；另一方面是根据气温高低，尤其是早晚温差，综合风力和降水等天气判断各山区红叶变色程度，以及适宜去海拔多高的地区赏红叶。

北京以香山公园的红叶最有名，其中变色树种大部分是黄栌树，枫树比较少，并且香山公园公布的红叶变色率是针对园内10万株黄栌树而言，并非表示整个公园里的树有60%已经变红。

9 月 22 日	------------ 天 文 时 刻 ------------			
	天亮	05 时 35 分	天黑	18 时 40 分
	日出	06 时 02 分	日没	18 时 14 分

今日历史气候值		
日平均气温	19.8℃	
日平均最高气温	25.7℃	
日平均最低气温	14.1℃	
日极端最高气温	32.7℃	（1935 年）
日极端最低气温	6.9℃	（1977 年）
日最大降水量	48.5 毫米	（1947 年）
日最大风速	13.7 米 / 秒	（1955 年）

【气象知识】

气　温

表示空气冷热程度的物理量，称为空气温度，简称气温。

在地面气象观测上，通常指的是离地面 1.5 米左右，处于通风防辐射条件下温度表读取的温度。气温在地球表面的平均分布由大气及地表的辐射状况、海陆下垫面性质、大气环流的状况以及受环流制约的气团的移动等因素决定。在对流层中，气温通常随高度的升高而递减，一般每升高 100 米，气温降低约 0.65℃；在平流层中气温一般随高度缓慢增高。对流层中，有时会出现气温随高度升高的现象称为逆温。地球表面记录到的最高气温是 58.8℃，这是 1921 年 7 月 8 日于伊拉克巴士拉观测到的。最低气温是 −89.2℃，是在 1983 年 7 月 21 日于南极洲东方站（高 3420 米的冰原上）观测到的。

9 月 23 日	——————— 天 文 时 刻 ———————			
	天亮	05 时 36 分	天黑	18 时 39 分
	日出	06 时 03 分	日没	18 时 12 分

今日历史气候值		
日平均气温	19.7℃	
日平均最高气温	25.6℃	
日平均最低气温	14.3℃	
日极端最高气温	31.4℃	（2002 年）
日极端最低气温	4.3℃	（1980 年）
日最大降水量	25.3 毫米	（1957 年）
日最大风速	10.8 米 / 秒	（1957 年）

【气候】

秋 分

每年 9 月 22 日前后，当太阳移达黄经 180° 时，日光直射点又回到赤道上，昼夜等长时为秋分节气。农谚有"春分秋分，昼夜平分"之说。

秋分的另一层含义是处秋季九十天之半，成为名副其实的秋分。天文学上以秋分日为北半球秋季开始。

以秋分的晴、雨作为依据，预测后期天气的谚语不少。如"秋分天晴必久旱""秋分晴日，万物不生""秋分有雨，寒露有冷""秋分有雨来年丰"等等。

9 月 24 日	天 文 时 刻			
	天亮	05 时 37 分	天黑	18 时 37 分
	日出	06 时 04 分	日没	18 时 10 分

今日历史气候值		
日平均气温	19.2 ℃	
日平均最高气温	24.8 ℃	
日平均最低气温	14.1 ℃	
日极端最高气温	30.4 ℃	（1965 年）
日极端最低气温	5.6 ℃	（1957 年）
日最大降水量	32.5 毫米	（1878 年）
日最大风速	13.0 米 / 秒	（1956 年）

【气象知识】

北京秋之韵

"秋高气爽"，是北京秋季的特点。经过湿热的夏季，较凉而干燥的大陆空气吹来，显得特别爽快。受雨季的洗淋，空气分外清新，能见度清晰，显得天蓝、月明、星亮，温度适中、风物宜人。"四时俱可喜，最好新秋时"，恰当地概括了北京秋季的黄金季节。

10月盛开的秋菊，不仅以姿、色、香使人赏心悦目，而且也以"不为风霜向晚欺，独开众卉已凋时"和"宁可抱香枝上老，不随黄叶舞西风"的坚贞格调，给人以遐想。堪与秋菊相媲美的是香山红叶，每当霜降（10月下旬）过后，日平均气温迅速下降到 10 ℃以下，黄栌和枫树叶片的叶绿素受到破坏或消失，使叶子变红的花青素增多，此外，昼夜温差的增大也有助于花青素的形成，所以在深秋季节，其他树种叶黄飘落之时，唯有香山的黄栌和枫树叶片红艳夺目。因为香山红叶总是以初霜陪伴，故"霜重色愈浓"。此外，八达岭、樱桃园、密云水库等地也是红叶漫漫，灿若云霞。

9 月 25 日	———————— 天 文 时 刻 ————————			
	天亮	05 时 38 分	天黑	18 时 36 分
	日出	06 时 05 分	日没	18 时 08 分

今日历史气候值		
日平均气温	19.1 ℃	
日平均最高气温	24.8 ℃	
日平均最低气温	13.9 ℃	
日极端最高气温	32.1 ℃	（1930 年）
日极端最低气温	4.9 ℃	（1957 年）
日最大降水量	69.9 毫米	（1969 年）
日最大风速	11.3 米 / 秒	（1963 年）

【气象知识】

温度及其换算

为量度物体温度高低而对温度零点和分度方法所做的一种规定，称为温标。常用的温标有摄氏温标、绝对温标和华氏温标三种，其中绝对温标和摄氏温标属国际单位制。绝对温标中的温度称为热力学温度或绝对温度，其单位为开尔文（K），在理论计算中多采用这种温标。各种温标的基点如下表：

摄氏温标、华氏温标、绝对温标的基点

温标	冰点	沸点	基点间隔
摄氏温标（℃）	0	100	100
华氏温标（℉）	32	212	180
绝对温标（K）	273	373	100

9 月 26 日	—————— 天 文 时 刻 ——————			
	天亮	05 时 39 分	天黑	18 时 34 分
	日出	06 时 06 分	日没	18 时 07 分

今日历史气候值		
日平均气温	18.5 ℃	
日平均最高气温	23.8 ℃	
日平均最低气温	13.4 ℃	
日极端最高气温	30.6 ℃	（1935 年）
日极端最低气温	4.9 ℃	（1956 年）
日最大降水量	40.2 毫米	（1892 年）
日最大风速	14.0 米 / 秒	（1954 年）

【气象知识】

年温差最大和最小的地方

苏联的维尔霍扬斯克和奥伊米亚康，是世界上年温差最大的地方。维尔霍扬斯克位于西伯利亚东北部亚纳河畔，为世界寒极之一。冬季最低气温为 –68 ℃，绝对最低气温曾达 –70 ℃，夏季最高气温为 34 ℃，年温差最高相差达 104 ℃。奥伊米亚康亦位于西伯利亚东北部，世界寒极之一，绝对最低气温达 –71 ℃（1933 年 2 月 6 日），夏季最高气温为 31 ℃，年温差最高相差也达 102 ℃。

世界年温差最小的地方在南美洲厄瓜多尔首都基多。基多位于西经 78°30′，南纬 0°13′ 处，是世界上距赤道最近的首都。城市坐落在安第斯山脉的山间盆地中，海拔达 2805 米。终年气候温和，年平均气温 13 ～ 14 ℃，年平均最高和最低气温仅仅相差 0.6 ℃。

9 月 27 日	————————— 天文时刻 —————————			
	天亮	05 时 40 分	天黑	18 时 32 分
	日出	06 时 06 分	日没	18 时 05 分

今日历史气候值		
日平均气温	17.9℃	
日平均最高气温	23.5℃	
日平均最低气温	13.1℃	
日极端最高气温	29.5℃	（1935 年）
日极端最低气温	5.7℃	（1965 年）
日最大降水量	19.1 毫米	（2002 年）
日最大风速	10.5 米 / 秒	（1962 年）

【行业气象】

影响航海的主要气象条件

1.雷雨

雷暴和大雨容易同时出现。雷暴会使船舶的电子设备受损，甚至会造成主机停机，舵机失效，严重危害行驶安全。暴雨天气会使能见度减低。

2.海上雾

航海上将雾分平流雾、降水雾、蒸发雾和辐射雾四种。雾造成能见度降低，对船舶驾驶有很大影响。

3.台风（生成于大西洋上空的称飓风）

台风（飓风）引起的大风浪和涌浪对船舶航行、停靠和避风都会产生不利影响。容易改变船舶原有运行状态，导致碰撞、搁浅、触礁甚至是翻倒。伴随台风（飓风）的大雨、风暴潮也会影响航海。

4.寒潮大风

寒潮大风到达海上时，由于海面摩擦因素小，风力一般可达7～8级，阵风甚至达到 11 ～ 12 级，大风会导致港口封航。寒潮大风可以制造海上风暴潮，形成数米高的巨浪，对海上船只有毁灭性的打击。

上述气象条件与海浪、海冰等的多年特征成为确定航线和制定航海计划的重要依据。

9 月 28 日	---------------- 天 文 时 刻 ----------------			
	天亮	05 时 41 分	天黑	18 时 30 分
	日出	06 时 07 分	日没	18 时 03 分

今日历史气候值		
日平均气温	17.9℃	
日平均最高气温	23.2℃	
日平均最低气温	12.7℃	
日极端最高气温	30.5℃	（1927 年）
日极端最低气温	3.7℃	（1968 年）
日最大降水量	73.9 毫米	（1961 年）
日最大风速	12.0 米 / 秒	（1972 年）

【气象知识】

地温和水温

地温是指地面与空气交界处的温度及地表以下的土壤温度。地面在白天和夏季温度高，夜间和冬季温度低，日、年变化明显，这些变化一般随深度增加而减小，大约在 1 米深度，已无温度的日变化。而温度的年变化能向更深处传播。在年变化中，深度每增加 1 米，最高、最低温度出现的时间落后约 1 个月。地温的高低，对近地面气温和植物的种子发芽及其生长发育、微生物的繁殖及其活动有很大影响。

水温是水体各层的温度，通常指水体最表面的温度。如河面、湖面及海面温度。海面温度代表接近海洋界面之下表面混合层中的水温状况。由于海洋面积占全球面积的 71%，且水的比热最大，因此，海面水温通过海气界面的热量交换直接影响大气的温度，对天气过程的形成具有一定作用。河面及湖面等的水温对水生动、植物及邻近地域农作物的生长发育也具有一定影响。

9 月 29 日	天 文 时 刻			
	天亮	05 时 42 分	天黑	18 时 29 分
	日出	06 时 08 分	日没	18 时 02 分

今日历史气候值		
日平均气温	17.9℃	
日平均最高气温	23.5℃	
日平均最低气温	12.4℃	
日极端最高气温	30.4℃	（1927 年）
日极端最低气温	1.6℃	（1922 年）
日最大降水量	30.1 毫米	（1934 年）
日最大风速	11.5 米 / 秒	（1970 年）

【气象知识】

气温变化最剧烈的地方

北美洲西部，落基山东坡的加拿大艾伯塔省，冬季由于受极地严寒空气和钦诺克风（Chinook）的交替影响，成为世界上气温变化最剧烈的地方。其南部的卡尔加里市，焚风次数很少的 1906 年 1 月，平均气温低到 –21℃，比中国哈尔滨市还冷。而第二年，焚风特别频繁，1 月的平均气温高达 3℃，如中国沪、杭地区一样温暖。不同年份的同一月份平均气温相差之悬殊（达 24℃），居世界首位。

9 月 30 日	天 文 时 刻			
	天亮	05 时 43 分	天黑	18 时 27 分
	日出	06 时 09 分	日没	18 时 00 分

今日历史气候值		
日平均气温	17.8 ℃	
日平均最高气温	23.8 ℃	
日平均最低气温	12.9 ℃	
日极端最高气温	29.6 ℃	（1965 年）
日极端最低气温	5.2 ℃	（1922 年）
日最大降水量	34.7 毫米	（1976 年）
日最大风速	11.7 米 / 秒	（1960 年）

【气象知识】

空气家族的成员

空气是由氧、氮、氩等气体组成的。空气总是含有等量的这些气体，除非空气干燥，否则，空气也含有一些水蒸气。

在海平面上的纯净空气里，各种气体所占的比例大约是氮 78%、氧 21%、氩 1%，还有少量的二氧化碳、氖和氦。

此外，空气中还含有含量不等的水蒸气、燃料放出的废气以及飘浮在空中的尘埃，这些气体和尘埃的多少随其位置而定。

在高度为 100 千米以上的高空，氮相对含量减少，而氧相对含量增加。

空气中的氧和氮是地球上的生命之源，动物和植物的生长都需要这两种元素，而氩对生物毫无影响。

气象北京365 ———— **10月份**

10 月 1 日	———————— 天 文 时 刻 ————————			
	天亮	05 时 44 分	天黑	18 时 25 分
	日出	06 时 10 分	日没	17 时 58 分

今日历史气候值		
日平均气温	17.8℃	
日平均最高气温	23.3℃	
日平均最低气温	13.1℃	
日极端最高气温	28.8℃	（2006 年）
日极端最低气温	5.9℃	（1985 年）
日最大降水量	10.3 毫米	（2007 年）
日最大风速	12.7 米 / 秒	（1983 年）

【气候】

北京 10 月气候概况

金秋 10 月，气候凉爽，阳光和煦，晴空万里，古都北京换上秋色盛装，万山红遍，层林尽染，是秋季旅游的最佳时节。

本月气温通常在 7 ～ 19℃之间，平均气温 13.7℃。中旬可能出现早霜冻，下旬山区亦可能出现薄冰。历史上，10 月份最高气温达到 31℃（1941 年 10 月 4 日和 2006 年 10 月 4 日），最低气温曾下降到 −5℃（1942 年 10 月 24 日）。

月降水量 22.8 毫米，降水日数 4.9 天，晴天日数达 22 天。但由于雨季刚过，空气仍然湿润、清新，素有"秋高气爽"之说。

下旬，天气转凉，树木开始落叶。北郊山区层层枫树林、黄栌树林呈现秋色，瑰若红霞，十分壮观。

10 月 2 日	------------ 天 文 时 刻 ------------			
	天亮	05 时 45 分	天黑	18 时 24 分
	日出	06 时 11 分	日没	17 时 57 分

今日历史气候值		
日平均气温	17.1 ℃	
日平均最高气温	22.9 ℃	
日平均最低气温	11.9 ℃	
日极端最高气温	30.3 ℃	（2006 年）
日极端最低气温	5.0 ℃	（2004 年）
日最大降水量	33.7 毫米	（1977 年）
日最大风速	9.7 米 / 秒	（1984 年）

【气象知识】

天气图

天气图是指填有各地同一时间气象要素的特制地图。天气图是目前进行天气预报的主要工具之一。通过分析天气图，确定天气系统，探讨天气系统的发生和演变规律，从而预测未来的天气。

1820 年，德国 H.W. 布兰德斯将过去各地的气压和风的同时间观测记录填入地图，绘制了世界上第一张天气图。1851 年，英国 J. 格莱舍在英国皇家博览会上展出第一张利用电报收集各地气象资料而绘制的地面天气图，是近代地面天气图的先驱。20 世纪 30 年代，世界上建立高空观测网之后，才有高空天气图。

在气象预报中，通常绘制 3 种天气图，即地面天气图、高空天气图和辅助图。

10月3日	---------------- 天 文 时 刻 ----------------			
	天亮	05时46分	天黑	18时22分
	日出	06时12分	日没	17时55分

今日历史气候值		
日平均气温	16.8℃	
日平均最高气温	23.1℃	
日平均最低气温	11.7℃	
日极端最高气温	29.7℃	（2006年）
日极端最低气温	5.3℃	（2011年）
日最大降水量	43.0毫米	（1997年）
日最大风速	12.0米/秒	（1972年）

【气象知识】

何谓"温室效应"

温室效应是指低层大气由于对长波和短波辐射的吸收特性不同而引起的增温现象。人类社会活动产生的二氧化碳、氯氟烃和氮氧化物等气体，是造成温室效应的主要原因。这些气体尤以二氧化碳为甚。

温室效应的具体表现是：太阳可见光透过这些气体照射到地球上，然后地球向大气放射出红外辐射热，其中一部分随即被大气中的上述温室气体吸收，从而使大气温度升高。当气温升到一定程度，大气吸热与放热达到准动态平衡，即无显著变化。如果这些气体的数量无节制地继续增加，便会加剧温室效应，使全球气候越来越暖，最终破坏生态环境，威胁人类生存。20世纪，每年释放于大气的二氧化碳为900万吨，目前已增至50亿吨。据联合国环境规划署估计，二氧化碳释放量到2050年还将增加一倍。这种气体主要来自矿物燃料（煤、石油）的燃烧。全世界以矿物燃料作动力的工厂和发电站以及机动车辆数不胜数，它们排放的废气是大气中二氧化碳的主要来源。

10 月 4 日	——————— 天 文 时 刻 ———————			
	天亮	05 时 47 分	天黑	18 时 20 分
	日出	06 时 13 分	日没	17 时 54 分

今日历史气候值		
日平均气温	16.7℃	
日平均最高气温	22.8℃	
日平均最低气温	11.3℃	
日极端最高气温	31.0℃	（1941 年、2006 年）
日极端最低气温	3.1℃	（2001 年）
日最大降水量	18.5 毫米	（1988 年）
日最大风速	9.7 米 / 秒	（1972 年）

【气象知识】

北京的热岛效应

城市热岛效应主要是由于城市里热状态的改变、大量人为热量存在和蒸发热损耗减少而造成的。

北京市热岛效应非常显著，市区年平均气温比郊区明显偏高，从现有的资料分析，相当于往南迁移 200 千米左右，因而城市物候反映与郊区有明显区别，例如春季城内榆树始花日期要比西郊早 2 天。盛夏中午，天安门广场气温比郊区高 3℃，晴朗的秋夜，城区气温比郊区高 1 ～ 4℃。热岛效应的一般规律是一日中，夜间比白天强，一年中冬天比夏天强，晴朗微风的天气比阴雨刮风天气强。

10 月 5 日	———————— 天 文 时 刻 ————————			
	天亮	05 时 48 分	天黑	18 时 19 分
	日出	06 时 14 分	日没	17 时 52 分

今日历史气候值		
日平均气温	16.4℃	
日平均最高气温	22.6℃	
日平均最低气温	10.2℃	
日极端最高气温	29.1℃	（1990 年）
日极端最低气温	3.3℃	（1971 年）
日最大降水量	19.4 毫米	（1996 年）
日最大风速	10.7 米／秒	（1977 年）

【气候】

城市对局部气候的影响

城市小气候是人类活动影响小气候的明显表现。城市面积虽小，但人口密集，工业集中。由于这种高度集中，造成空气污染、大量人为热量的释放和特殊的下垫面条件，使城市和农村的气候产生了明显的差异，形成了独具特点的城市小气候。

城市影响局部气候的因素很多，主要表现如下：

1. 城市密集的建筑物，粗糙度增加导致地面风速减小。

2. 城市布满不透水的路面和屋顶，以及人为的排水系统，使城区蒸发和空气湿度减小，且径流过程加速。

3. 城市的热岛效应，使城郊的气流进入建筑群，形成对流，有利于云和降水的形成。

4. 工矿企业排放的大量污染物质，由于粒子的吸湿作用可使能见度降低，并为城市及附近的降水提供大量凝结核。

10 月 6 日	———————— 天 文 时 刻 ————————			
	天亮	05 时 49 分	天黑	18 时 17 分
	日出	06 时 15 分	日没	17 时 50 分

今日历史气候值		
日平均气温	16.1℃	
日平均最高气温	22.1℃	
日平均最低气温	10.7℃	
日极端最高气温	28.0℃	（2006 年）
日极端最低气温	4.7℃	（1995 年）
日最大降水量	25.2 毫米	（2007 年）
日最大风速	11.7 米 / 秒	（1975 年）

【气候】

城市气候特征

城市热岛效应一般可使市区的年平均温度比郊区高 0.5 ～ 1.0℃。但不同季节、不同的天气条件下，市区与郊区的气温差的大小也不同。伴随着热岛效应产生热岛环流，尤其是夏季，城市中心气流上升，到一定高度则向四周流散，而地面则是郊区空气流向城市中心。

市区硬化地面比例高，地面较干燥，蒸发很少，所以绝对湿度较郊区低，差值一般在 1 百帕以下。

城市上空因凝结核多，雾、霾日显著增加。城市与郊区相比，冬季市区雾、霾日数可比郊区多 1 倍，夏季多 30%。

城市降水也有增加。观测表明，城市年降水量比郊区多 5% ～ 10%。另外，微雨日数（0.1 ～ 1.0 毫米／日）也有显著增加。

10月7日	——————— 天 文 时 刻 ———————			
	天亮	05时50分	天黑	18时16分
	日出	06时16分	日没	17时49分

今日历史气候值		
日平均气温	16.0℃	
日平均最高气温	22.0℃	
日平均最低气温	10.8℃	
日极端最高气温	29.2℃	（1979年）
日极端最低气温	3.9℃	（1977年）
日最大降水量	7.4毫米	（1998年）
日最大风速	11.3米/秒	（1980年）

【气象知识】

火山爆发与气候异变

科学家发现火山爆发是影响地球气候的重要因素之一。

现在，全世界每年约有50座火山爆发。这些火山喷出的尘埃、石块、气体等物质多达上百万吨，其中尘埃等固体物质对大气层的影响是有限的、短暂的，在雨雪的冲刷下，一般在数月内都能落回地面。而气体则不同，有些火山喷出的气体中含有大量二氧化硫，如果火山的爆发力足以将气体喷至10千米以上的高空，会将含硫气体送入平流层，在平流层，含硫气体得不到像在对流层所遇到的雨雪的冲刷，便逐渐聚集成粒，形成硫酸云，硫酸云长期在平流层环地球漂移，吸收大量阳光，从而造成地面温度下降，这种状况甚至可以持续几年。

10月8日	天 文 时 刻			
	天亮	05 时 51 分	天黑	18 时 14 分
	日出	06 时 17 分	日没	17 时 47 分

今日历史气候值		
日平均气温	16.0℃	
日平均最高气温	21.8℃	
日平均最低气温	10.6℃	
日极端最高气温	29.2℃	（1979 年）
日极端最低气温	3.1℃	（2002 年）
日最大降水量	12.6 毫米	（2006 年）
日最大风速	14.0 米/秒	（1974 年）

【气候】

寒　露

每年 10 月 8 日或 9 日，太阳到达黄经 195° 时为寒露节气。据《月令七十二候集解》载："九月节，露气寒冷，将凝结也。"此时气温较白露时更低，露水更多，且带寒意。至寒露，中国大部分地区天气凉爽，雨水减少，秋熟作物将先后成熟登场。寒露时节，南岭及以北的广大地区均已进入秋季，东北进入深秋，西北地区已进入或即将进入冬季。

10月9日	—————— 天文时刻 ——————			
	天亮	05时52分	天黑	18时13分
	日出	06时18分	日没	17时45分

今日历史气候值		
日平均气温	15.7℃	
日平均最高气温	21.0℃	
日平均最低气温	11.4℃	
日极端最高气温	27.4℃	（1988年）
日极端最低气温	4.3℃	（1974年）
日最大降水量	3.1毫米	（1972年）
日最大风速	12.3米/秒	（1976年）

【气象与环境】

十大环境问题

1. 大气污染。近百年来，人类活动导致二氧化硫、氮氧化物以及可吸入空气颗粒物等污染物浓度均明显上涨。

2. 温室气体排放和气候变暖。因人类活动，CO_2，CH_4，N_2O 等气体浓度的上涨已远超过自然因素引起的变化。

3. 臭氧层破坏。平流层臭氧由于人造氟氯烃而遭受严重破坏。

4. 土地退化。全球每年均有大面积耕地变为沙漠，或丧失生产能力。

5. 水资源匮乏和水体污染。大量淡水资源受到化肥和有毒物质的污染。

6. 海洋环境恶化。因人类活动排放的污染物导致海洋酸碱值急剧变化，严重危害整个海洋生态环境。

7. 森林锐减。人类砍伐及火灾使森林锐减，进而导致水土流失、土地沙漠化以及旱涝灾害。

8. 物种濒危。海洋和陆地生态系统的物种灭绝速度正急剧加快。

9. 垃圾成灾。

10. 人口增长过快。

10 月 10 日	------------ 天 文 时 刻 ------------			
	天亮	05 时 53 分	天黑	18 时 11 分
	日出	06 时 19 分	日没	17 时 44 分

今日历史气候值		
日平均气温	16.0℃	
日平均最高气温	21.1℃	
日平均最低气温	11.5℃	
日极端最高气温	27.2℃	（1979 年）
日极端最低气温	1.8℃	（1974 年）
日最大降水量	9.6 毫米	（2003 年）
日最大风速	15.7 米 / 秒	（1971 年）

【气象知识】

气溶胶

气溶胶是气体和在重力场中沉降速度小的粒子的混合体，具有一定的稳定性。气溶胶粒子具有分布不均匀、变化尺度小等复杂性特点，多集中于大气的底层，是云的凝结核的组成部分，进而对降水的形成起重要作用。气溶胶甚至可以改变云的存在时间，能够在云的表面产生化学反应，决定降雨量的多少，影响大气成分。气溶胶可以从两方面影响天气和气候，一方面将太阳光反射到太空中，从而冷却大气，并会使大气的能见度降低；另一方面通过微粒散射、漫射和吸收一部分太阳辐射，减少地面长波辐射的外逸，使大气升温。其成分包括尘埃、烟粒、海盐颗粒、微生物、植物孢子、花粉等。

10月11日	———————— 天文时刻 ————————			
	天亮	05时20分	天黑	18时09分
	日出	06时54分	日没	17时42分

今日历史气候值		
日平均气温	15.4℃	
日平均最高气温	20.3℃	
日平均最低气温	11.0℃	
日极端最高气温	25.1℃	（1975年）
日极端最低气温	1.4℃	（1971年）
日最大降水量	44.6毫米	（2003年）
日最大风速	8.3米/秒	（1988年）

【其他】

清洁能源

清洁能源的准确定义应是：对能源清洁、高效、系统化应用的技术体系。含义有三点：清洁能源不是对能源的简单分类，而是指能源利用的技术体系；清洁能源不但强调清洁性同时也强调经济性；清洁能源的清洁性指的是符合一定的排放标准。

清洁能源的含义包含两方面的内容：

1.可再生能源：消耗后可得到恢复补充，不产生或极少产生污染物。如太阳能、风能，生物能、水能，地热能，氢能等。中国目前是国际洁净能源的巨头，是世界上最大的太阳能、风力与环境科技公司的发源地。

2.非再生能源：在生产及消费过程中尽可能减少对生态环境的污染，包括使用低污染的化石能源（如天然气等）和利用清洁能源技术处理过的化石能源，如洁净煤、洁净油等。

10 月 12 日	————————— 天 文 时 刻 —————————			
	天亮	05 时 55 分	天黑	18 时 08 分
	日出	06 时 21 分	日没	17 时 41 分

今日历史气候值		
日平均气温	14.8℃	
日平均最高气温	20.6℃	
日平均最低气温	9.7℃	
日极端最高气温	25.0℃	（1991 年）
日极端最低气温	2.8℃	（1974 年）
日最大降水量	7.8 毫米	（2003 年）
日最大风速	11.0 米 / 秒	（1988 年）

【其他】

发电厂烟囱的排污处理

根据环保标准要求，我国大吨位的锅炉都有专门的除尘、脱硫和脱硝设备。通常火力发电厂采用除尘、脱硫、脱硝等工艺步骤，把高温烟气中的二氧化硫、氮氧化物及烟尘处理干净，变成低温烟气排放出来，整个过程可以除去烟气中 99.9% 以上的污染物。对于火力发电厂来说，通过烟囱排放烟气的主要成分是二氧化碳和水蒸气，另外还有微量的二氧化硫、氮氧化物及烟尘。

在发电厂烟囱的旁边，经常可以看见"又矮又胖"的"烟囱"，其实这个建筑叫作"冷却塔"，它们的作用是给设备降温，原理是把冷水引入冷却塔中，不断循环，使机组降温。冷却塔里面的水变热后产生水蒸气，通过顶部对外排放，因此冷却塔排放的主要是水蒸气。

10 月 13 日	——————— 天 文 时 刻 ———————			
	天亮	05 时 56 分	天黑	18 时 06 分
	日出	06 时 22 分	日没	17 时 39 分

今日历史气候值		
日平均气温	14.9℃	
日平均最高气温	20.4℃	
日平均最低气温	10.0℃	
日极端最高气温	27.6℃	（1990 年）
日极端最低气温	1.6℃	（2000 年）
日最大降水量	13.0 毫米	（2011 年）
日最大风速	8.6 米 / 秒	（1990 年）

【其他】

绿色建筑

绿色建筑是在建筑的全寿命周期内，最大限度地节约资源（节能、节地、节水、节材）、保护环境和减少污染，为人们提供健康、适用和高效的使用空间，与自然和谐共生的建筑。

"绿色"，是代表一种概念或象征，指建筑对环境无害，能充分利用环境自然资源，并且在不破坏环境基本生态平衡条件下建造的一种建筑。"绿色"，通过健康舒适的室内环境和自然和谐的室外环境来体现。健康、舒适的室内环境，是绿色建筑的关键。舒适的室内环境包括适宜的温度、自然的光照以及良好的空气质量等。在对室内温度的控制上，绿色建筑区别于传统空调系统，把对自然能源的应用发挥到极致。在绿色建筑的设计中，建筑师们要系统分析当地气候及建筑内部负荷变化对室内环境舒适性的影响，从而设计出既环保又舒适的温度调节系统。

10 月 14 日	——————— 天 文 时 刻 ———————			
	天亮	05 时 57 分	天黑	18 时 05 分
	日出	06 时 23 分	日没	17 时 38 分

今日历史气候值		
日平均气温	14.4℃	
日平均最高气温	20.1℃	
日平均最低气温	8.8℃	
日极端最高气温	25.7℃	（2008 年）
日极端最低气温	1.8℃	（2000 年）
日最大降水量	15.0 毫米	（2011 年）
日最大风速	11.9 米 / 秒	（2003 年）

【气象与环境】

多诺拉烟雾事件

多诺拉烟雾事件是 1948 年 10 月发生于美国宾夕法尼亚州多诺拉地方的一次空气污染事件。

多诺拉位于孟农加希拉河流经的马蹄形河谷中，它的两岸耸立着 120 米的高山，在这一盆地中，建有以煤为燃料的大型炼铁厂，硫酸厂和炼锌厂。由于大量烟尘持续不断地排出，致使白天经常烟雾弥漫，在春秋季节甚至数日不散。这一次烟雾事件是由于出现严重的逆温，烟雾高浓度聚积经久不散，从而使该地区 14 000 人口的 42% 患病，其中 10% 较为严重，最终造成 60 人死亡。

10 月 15 日	天 文 时 刻			
	天亮	05 时 58 分	天黑	18 时 03 分
	日出	06 时 24 分	日没	17 时 37 分

今日历史气候值		
日平均气温	14.3℃	
日平均最高气温	20.0℃	
日平均最低气温	9.3℃	
日极端最高气温	27.1℃	（2008 年）
日极端最低气温	0.3℃	（1974 年）
日最大降水量	10.2 毫米	（1991 年）
日最大风速	12.0 米 / 秒	（1977 年）

【气象与环境】

室内也有空气污染（一）

多年来，许多国家都在耗费巨资治理大气污染，然而，国内外大量实地调查资料证实：室内空气污染程度往往比室外还高。现代人四分之三以上的时间是生活在室内，老、弱、妇、幼以及各种病人，更是在居室内度过他们的绝大部分时光。从一定意义上说，人类健康的凶手，就暗藏在我们每个人的身边。

室内空气污染的主要来源，首先是人体本身。据研究，人肺可以排出 25 种有毒物质，人呼出的气体中含有 16 种挥发性毒物。其次采暖、烹饪、吸烟，也是室内空气污染的重要来源。煤的污染比液化气和烟气为重。吸烟产生的化学物质竟高达 1200 多种，其中主要的有害物质就有 30 余种。随着建筑材料的现代化以及室内装饰的现代化，使一些含有甲醛、氡和石棉的材料进入室内，也严重污染室内的空气。

10 月 16 日	天文时刻			
	天亮	05时59分	天黑	18时02分
	日出	06时25分	日没	17时35分

今日历史气候值		
日平均气温	14.2℃	
日平均最高气温	20.1℃	
日平均最低气温	8.6℃	
日极端最高气温	26.2℃	（2008年）
日极端最低气温	0.7℃	（1974年）
日最大降水量	6.8毫米	（2012年）
日最大风速	12.3米/秒	（1985年）

【气象与环境】

室内也有空气污染（二）

室内空气污染首先危害呼吸道，引起支气管炎、肺气肿、过敏性肺炎、哮喘、肺癌等。心血管也是室内空气污染的受害者。动脉粥样硬化、心绞痛、心肌梗死、猝死等都与之有关。如果室内甲醛浓度达到0.1ppm，就会对咽喉和肺造成损伤，超过0.25ppm时，儿童就会感到呼吸困难。长期与含高浓度甲醛的空气接触，会产生周身不适、头痛、眩晕、恶心，甚至引起鼻癌。

对付室内空气污染的有效措施是什么呢？（1）增加室内换气频率；（2）室内严禁吸烟；（3）用煤、木柴等取暖的家庭，要经常检修炉灶，保持通风良好，严防不完全燃烧；（4）讲究厨房里的空气卫生；（5）正确使用家庭化学剂；（6）尽可能增加户外活动时间；（7）建材及施工部门，应把防止和减少现代建筑材料对室内空气污染列为重要研究课题，时刻想着广大居民的健康。

10 月 17 日	——————— 天 文 时 刻 ———————			
	天亮	06 时 00 分	天黑	18 时 00 分
	日出	06 时 27 分	日没	17 时 33 分

今日历史气候值		
日平均气温	13.8℃	
日平均最高气温	19.6℃	
日平均最低气温	8.3℃	
日极端最高气温	23.8℃	（1984 年）
日极端最低气温	0.7℃	（1973 年）
日最大降水量	9.1 毫米	（1974 年）
日最大风速	9 米 / 秒	（1987 年）

【气候】

气 候

气候是地球上某一地区多年时段大气的一般状态，是该时段各种天气过程的综合表现。气象要素（温度、降水、风等）的各种统计量（均值、极值、概率等）是表述气候的基本依据。气候一词源自古希腊文，意为倾斜，指各地气候的冷暖同太阳光线的倾斜程度有关。按水平尺度大小，气候可分为大气候、中气候与小气候。大气候是指全球性和大区域的气候，如热带雨林气候、地中海型气候、极地气候、高原气候等；中气候是指较小自然区域的气候，如森林气候、城市气候、山地气候以及湖泊气候等；小气候是指更小范围的气候，如贴地气层和小范围特殊地形下的气候（一个山头或一个谷地）。

10 月 18 日	————— 天 文 时 刻 —————

	天亮	06 时 01 分	天黑	17 时 59 分
	日出	06 时 28 分	日没	17 时 32 分

今日历史气候值		
日平均气温	12.3℃	
日平均最高气温	18.4℃	
日平均最低气温	7.2℃	
日极端最高气温	26℃	（1997 年）
日极端最低气温	1.3℃	（1986 年）
日最大降水量	19.1 毫米	（2002 年）
日最大风速	10.5 米 / 秒	（2009 年）

【气候】

影响气候的主要因素

纬度位置：赤道地区降水多，两极附近降水少。

海陆位置：南北回归线附近，大陆东岸降水多，西岸降水少。温带地区，沿海地区降水多，内陆地区降水少。

地形因素：通常情况下，山地迎风坡降水多，背风坡降水少。

洋流因素：暖流对沿岸地区气候起到增温、增湿的作用。如西欧海洋性气候的形成，就直接得益于暖湿的北大西洋暖流。寒流对沿岸地区的气候起到降温、减湿的作用。如沿岸寒流对澳大利亚西海岸、秘鲁太平洋沿岸荒漠环境的形成，起到了一定的作用。

10 月 19 日	------------- 天 文 时 刻 -------------			
	天亮	06 时 02 分	天黑	17 时 58 分
	日出	06 时 29 分	日没	17 时 30 分

今日历史气候值		
日平均气温	12.4℃	
日平均最高气温	18.3℃	
日平均最低气温	7.1℃	
日极端最高气温	26.6℃	（1997 年）
日极端最低气温	2.6℃	（1983 年）
日最大降水量	6.6 毫米	（1984 年）
日最大风速	10.3 米 / 秒	（1979 年）

【气候】

气候类型

在纬度位置、海陆分布、大气环流、地形、洋流等因素的影响下，世界气候大致分为以下几种类型：

热带雨林气候：全年高温多雨。

热带沙漠气候：全年高温少雨。

热带季风气候：全年高温，有旱季和雨季之分。

亚热带季风气候和季风湿润性气候：夏季高温多雨，冬季低温少雨。

地中海气候：冬季温和多雨，夏季炎热少雨。

温带海洋性气候：冬暖夏凉，年温差小，年降水量季节分布均匀。

温带大陆性气候：降水较少，冬季严寒，夏季酷热，年温差大。

温带季风气候：夏季高温多雨，冬季寒冷干燥。

山地气候：气候特点从山麓到山顶垂直变化。

极地苔原气候：冬长而冷，夏短而凉。

极地冰原气候：全年严寒。

10 月 20 日	——————— 天 文 时 刻 ———————			
	天亮	06 时 03 分	天黑	17 时 56 分
	日出	06 时 30 分	日没	17 时 29 分

今日历史气候值		
日平均气温	12.8℃	
日平均最高气温	18.9℃	
日平均最低气温	7.4℃	
日极端最高气温	29.3℃	（1997 年）
日极端最低气温	1.4℃	（1991 年）
日最大降水量	7.4 毫米	（1972 年）
日最大风速	17.0 米 / 秒	（1979 年）

【气象与农事】

气象与农事（10 月）

本月小麦处于三叶、分蘖期，主要农业气象灾害有初冬冻害（导致入冬前生长量不足，威胁越冬）和冬前低温（导致养分积累不足，苗情偏弱）。针对初冬冻害，应选用抗寒丰产品种、适时播种培育壮苗，适宜深播、适时浇好冻水，冬初（12 月上中旬）压麦耱麦；针对积温不足，应提高麦田地力水平，提前掌握冬前积温不足的天气预报，扩大适时麦面积，适当增加播量，提倡施用种肥，促苗早发增蘖。

本月苹果处于成熟采收期，摘袋时应保证在阴天或多云的天气下进行，且 48 小时内无雨，另外，日平均气温应在 10 ~ 13℃，日较差大于 10℃，风速小于 3 米 / 秒，建议避开中午高温时段，最好在下午 3 时以后进行。双层袋先解除外袋，隔 5 ~ 6 天再解除内袋，有利于减少日灼，保证果面清洁，果皮细腻。

319

10 月 21 日	----------- 天 文 时 刻 -----------			
	天亮	06 时 04 分	天黑	17 时 55 分
	日出	06 时 31 分	日没	17 时 28 分

今日历史气候值		
日平均气温	12.8 ℃	
日平均最高气温	18.5 ℃	
日平均最低气温	7.5 ℃	
日极端最高气温	25.4 ℃	（1989 年）
日极端最低气温	−0.6 ℃	（1979 年）
日最大降水量	12.1 毫米	（2012 年）
日最大风速	17.0 米 / 秒	（1974 年）

【气候】

北京气候环境

北京市的气候属于温带季风气候，夏季高温多雨，冬季寒冷干燥。年平均气温为 11.5 ℃。最冷月（1 月）平均气温为 −4.6 ℃，最热月（7 月）平均气温为 25.8 ℃。极端最低气温为 −27.4 ℃（出现在 1966 年 2 月 22 日），极端最高气温 42.6 ℃（出现在 1942 年 6 月 15 日）。全年无霜期 180—200 天，西部山区较短。年平均降雨量 600 多毫米，为华北地区降雨最多的地区之一，山前迎风坡可达 700 毫米以上。降水季节分配很不均匀，全年降水的 80% 集中在夏季 6，7，8 三个月，7，8 月常有暴雨。曾经北京及华北春季多发沙尘暴，中央政府和北京市政府经过对内蒙古草原、黄土高原和河北相关地区进行环境治理，北京的沙尘情况有所好转。

10月22日	天 文 时 刻			
	天亮	06时05分	天黑	17时54分
	日出	06时32分	日没	17时27分

今日历史气候值		
日平均气温	12.2℃	
日平均最高气温	18.0℃	
日平均最低气温	7.2℃	
日极端最高气温	24.0℃	（2009年）
日极端最低气温	−1.9℃	（1972年）
日最大降水量	23.6毫米	（2000年）
日最大风速	10.7米/秒	（1981年）

【气候】

气候变化并非只是当代议题

当前，积极应对气候变化已是全球共识，但实际上人类对气候变化的认识由来已久。早在18世纪，人们就已经认识到了人类对气候的影响及作用。因为这一时期的欧洲人有应对"小冰期"的经验。尽管一些学者认为美洲快速的生态变化加剧甚至导致了大西洋的降温，但北半球这一暂时性降温主要是由于太阳黑子活动的阶段性减少，降低了太阳辐射活动。

无论最终原因如何，这一"小冰期"的到来使现代早期的欧洲陷入不稳定的寒冷气温中。早在18世纪时气候变化就已成为一个公认的事实，更重要的是，人类能够也应当积极应对气候的变化。

10 月 23 日	———————— 天 文 时 刻 ————————			
	天亮	06 时 06 分	天黑	17 时 52 分
	日出	06 时 33 分	日没	17 时 26 分

今日历史气候值		
日平均气温	11.5℃	
日平均最高气温	17.2℃	
日平均最低气温	6.7℃	
日极端最高气温	24.2℃	（1985 年）
日极端最低气温	−2.5℃	（1974 年）
日最大降水量	9.8 毫米	（2008 年）
日最大风速	16.0 米 / 秒	（1976 年）

【气候】

霜　降

霜降是秋季的最后一个节气，含有天气渐冷，初霜出现的意思。每年 10 月 23 日前后太阳到达黄经 210° 时为霜降节气，此时，我国黄河流域已出现白霜；纬度偏南的地区，平均气温多在 16 ℃左右，离初霜日期还有三个节气；在华南南部河谷地带，则要到隆冬时节，才能见霜。据《月令七十二候集解》载："九月中，气肃而凝，露结为霜矣。"霜降前后，我国黄河流域一般出现初霜。

有关霜降与晴雨的谚语有 "霜降晴，风雪少；霜降雨，风雪多"（江西）"霜降有雨，开春雨水多，霜降无雨，冬春旱"（广西）。霜降时节，养生保健尤为重要，民间有谚语"一年补透透，不如补霜降"。

10 月 24 日	———————— 天 文 时 刻 ————————			
	天亮	06 时 07 分	天黑	17 时 51 分
	日出	06 时 34 分	日没	17 时 24 分

今日历史气候值		
日平均气温	11.5℃	
日平均最高气温	17.1℃	
日平均最低气温	6.5℃	
日极端最高气温	23.4℃	（2005 年）
日极端最低气温	−5℃	（1942 年）
日最大降水量	25.0 毫米	（1980 年）
日最大风速	10.0 米/秒	（1972 年）

【灾害与防御】

霜冻预警信号

霜冻是由于冷空气活动等原因使土壤表面、植物表面及近地面的气温突然下降到 0℃以下，植物体原生质受到破坏，导致植株受害或者死亡的天气现象。霜冻主要危害作物正常生长发育，严重时造成作物死亡。

霜冻预警信号分三级，分别以蓝色、黄色、橙色表示。

霜冻蓝色预警信号划分标准：48 小时地面最低温度将要下降到 0℃以下，对农业将产生影响，或者已经降到 0℃以下，对农业已经产生影响，并可能持续。

霜冻黄色预警信号划分标准：24 小时地面最低温度将要下降到 −3℃以下，对农业将产生严重影响，或者已经降到 −3℃以下，对农业已经产生严重影响，并可能持续。

霜冻橙色预警信号划分标准：24 小时地面最低温度将要下降到 −5℃以下，对农业将产生严重影响，或者已经降到 −5℃以下，对农业已经产生严重影响，并将持续。

10 月 25 日	天 文 时 刻			
	天亮	06 时 08 分	天黑	17 时 49 分
	日出	06 时 35 分	日没	17 时 23 分

今日历史气候值		
日平均气温	11.2℃	
日平均最高气温	16.6℃	
日平均最低气温	6.4℃	
日极端最高气温	22.8℃	（1995 年）
日极端最低气温	−1.3℃	（1973 年）
日最大降水量	30.0 毫米	（1998 年）
日最大风速	10.0 米 / 秒	（1980 年）

【灾害与防御】

霜冻防御指南

对农作物、蔬菜、花卉、瓜果、林业育种应采取覆盖、灌溉等防护措施，加强对瓜菜苗床的保护；蔬菜育苗温室和大棚夜间应覆盖草帘；菜苗瓜苗移栽和喜温作物春播应推迟到霜冻结束后进行。

对发生春霜冻危害的作物，要根据受冻程度分别采取加强水肥受理、补种补栽、毁种改种等补救措施；对秋霜冻受害作物，可利用部分及时收获，不可利用部分及时处理。

10 月 26 日	——————— 天 文 时 刻 ———————			
	天亮	06 时 09 分	天黑	17 时 48 分
	日出	06 时 36 分	日没	17 时 21 分

今日历史气候值		
日平均气温	10.8℃	
日平均最高气温	16.0℃	
日平均最低气温	6.0℃	
日极端最高气温	24.0℃	（1979 年）
日极端最低气温	−0.1℃	（2002 年）
日最大降水量	5.0 毫米	（1973 年）
日最大风速	14.0 米 / 秒	（1972 年）

【气象知识】

雾

雾是悬浮在近地面大气中的大量细微水滴（或冰晶）的可见集合体，使地面的能见度明显下降。"天上的云，地下的雾"，云和雾的区别仅在于是否接触地面，位于地面上就叫雾，离开地面就是云，大雾的水平能见度在 1000 米以下，对水、陆、空交通都有不利影响。

常见的雾根据成因可分为辐射雾、平流雾、锋面雾和蒸发雾等。空气温度降低可产生平流雾、辐射雾；空气中水汽增加可产生锋面雾、蒸发雾。雾还可以分为暖雾和冷雾，温度高于 0 ℃时，由水滴组成，称为暖雾；温度低于 0 ℃时，由冰晶组成，称为冷雾。

10 月 27 日	━━━━━━━ 天 文 时 刻 ━━━━━━━			
	天亮	06 时 10 分	天黑	17 时 47 分
	日出	06 时 38 分	日没	17 时 20 分

今日历史气候值		
日平均气温	10.8 ℃	
日平均最高气温	15.7 ℃	
日平均最低气温	6.5 ℃	
日极端最高气温	24.0 ℃	（1979 年）
日极端最低气温	−0.6 ℃	（2002 年）
日最大降水量	14.7 毫米	（1976 年）
日最大风速	10.0 米 / 秒	（2003 年）

【气象知识】

雾形成的气象条件

雾形成的气象条件：一是微风；二是水汽充足，即大气中水汽含量达到 90% ～ 100%，并且伴有冷凝，产生雾滴；三是近地层空气形成下冷上暖的稳定层，或称逆温层，空气流动性差。雾一般是出现在晴朗、微风、近地面水汽比较充沛且比较稳定的夜间和清晨，即具备形成雾的气象条件。根据不同的形成原因，雾可分为辐射冷却形成的辐射雾；暖而湿的空气作水平运动，经过寒冷的地面或水面，逐渐冷却而形成的平流雾；兼有两种原因形成的雾叫混合雾；还有锋面雾、坡面雾等。

10 月 28 日	——————— 天 文 时 刻 ———————			
	天亮	06 时 11 分	天黑	17 时 46 分
	日出	06 时 39 分	日没	17 时 18 分

今日历史气候值		
日平均气温	10.5℃	
日平均最高气温	16.7℃	
日平均最低气温	5.2℃	
日极端最高气温	24.1℃	（1979 年）
日极端最低气温	-2.4℃	（2002 年）
日最大降水量	38.4 毫米	（1977 年）
日最大风速	13.2 米 / 秒	（1999 年）

【气象知识】

为什么秋末冬初多雾

　　一般来说，秋冬早晨雾特别多，为什么呢？我们知道，当空气容纳的水汽达到最大限度时，就达到了饱和。而气温愈高，空气中所能容纳的水汽也愈多。1 立方米的空气，气温在 4 ℃时，最多能容纳的水汽量是 6.36 克；而气温是 20 ℃时，1 立方米的空气中最多可以含水汽量是 17.3 克。空气中的水汽超过饱和量，凝结成水滴，这主要是气温降低造成的。如果地面热量散失，温度下降，空气又相当潮湿，那么当它冷却到一定的程度时，空气中一部分的水汽就会凝结出来，变成很多小水滴，悬浮在近地面的空气层里，这就是雾。白天温度比较高，空气中可容纳较多的水汽。但是到了夜间，温度下降了，空气中能容纳的水汽的能力减少了，因此，一部分水汽会凝结成为雾。特别在秋冬季节，由于夜长，而且出现无云风小的机会较多，地面散热较夏天更迅速，以致使地面温度急剧下降，这样就使得近地面空气中的水汽，容易在后半夜到早晨达到饱和而凝结成小水珠，形成雾。秋冬的清晨气温最低，便是雾最浓的时刻。

10 月 29 日	─── 天 文 时 刻 ───			
	天亮	06 时 12 分	天黑	17 时 44 分
	日出	06 时 40 分	日没	17 时 17 分

今日历史气候值		
日平均气温	10.0 ℃	
日平均最高气温	16.2 ℃	
日平均最低气温	4.8 ℃	
日极端最高气温	23.3 ℃	（2009 年）
日极端最低气温	−3.4 ℃	（2002 年）
日最大降水量	38.3 毫米	（1977 年）
日最大风速	10.6 米 / 秒	（1995 年）

【灾害与防御】

大雾预警信号

雾天气中当水平能见度小于 1 千米时，预报上称为大雾，当小于 500 米时称为浓雾，当小于 200 米时称为强浓雾。大雾天气给城市交通运输带来严重影响，由于能见度差，路面湿滑，容易引发撞车、撞人的事故，还会引发空气污染，有害于人的健康。

大雾预警信号分三级，分别以黄色、橙色、红色表示。

大雾黄色预警信号划分标准：12 小时内可能出现浓雾天气能见度小于 500 米；或者已经出现能见度小于 500 米、大于等于 200 米的雾并可能持续。

大雾橙色预警信号划分标准：6 小时内可能出现浓雾天气能见度小于 200 米；或者已经出现能见度小于 200 米、大于等于 50 米的雾并可能持续。

大雾红色预警信号划分标准：2 小时内可能出现强浓雾天气，能见度小于 50 米；或者已经出现能见度小于 50 米的雾并可能持续。

10 月 30 日	———————— 天 文 时 刻 ————————			
	天亮	06 时 13 分	天黑	17 时 43 分
	日出	06 时 41 分	日没	17 时 16 分

今日历史气候值		
日平均气温	9.5 ℃	
日平均最高气温	15.2 ℃	
日平均最低气温	4.5 ℃	
日极端最高气温	22.6 ℃	（1971 年）
日极端最低气温	−3.5 ℃	（1986 年）
日最大降水量	1.5 毫米	（1989 年）
日最大风速	12.7 米 / 秒	（1974 年）

【灾害与防御】

大雾防御指南

机场、高速公路及城市交通管理部门应采取管控措施，并及时发布飞机停飞、公路封闭信息，保障交通安全。

出行前应关注交通信息，驾驶人员应及时开启雾灯，减速慢行，保持车距；尽量减少开车外出。

雾天空气质量较差，不宜晨练，应尽量减少户外活动，出门最好戴上口罩，老人、儿童和心肺病人不宜外出，中小学停止户外体育课。

10 月 31 日	天文时刻			
	天亮	06 时 14 分	天黑	17 时 42 分
	日出	06 时 42 分	日没	17 时 14 分

今日历史气候值		
日平均气温	9.7℃	
日平均最高气温	15.6℃	
日平均最低气温	4.7℃	
日极端最高气温	23.0℃	（2006 年）
日极端最低气温	−0.3℃	（1997 年）
日最大降水量	8.7 毫米	（2004 年）
日最大风速	12.5 米/秒	（1995 年）

【历史个例】

重阳赏雪　千载难逢

1987 年 10 月 30 日至 11 月 1 日，华北地区普降第一场冬雪。这是解放以来华北初雪最早、降雪范围最广、降水量最大的一次。降雪时间长达 60 小时之久，最大降雪中心分别在山西介休和河北省易县，降水量分别达 40 毫米和 32.3 毫米，局地积雪深度达 35 厘米，造成不少地区交通堵塞、各种线路受损、树木折断、农作物遭受冻害。

10 月 31 日正值该年九九重阳节，北京市积雪 3 厘米，这是本市1874 年有资料记录以来最早的初雪日和积雪日。重阳节上午"雪霁西山，满树梨花"，北京人有幸观赏了千载难逢的重阳雪景。

气象北京365 ———— 11月份

11月1日	天 文 时 刻			
	天亮	06 时 15 分	天黑	17 时 41 分
	日出	06 时 43 分	日没	17 时 13 分

今日历史气候值		
日平均气温	8.5 ℃	
日平均最高气温	14.5 ℃	
日平均最低气温	3.2 ℃	
日极端最高气温	20.5 ℃	（1971 年）
日极端最低气温	−3.8 ℃	（1974 年）
日最大降水量	15.7 毫米	（2009 年）
日最大风速	8.1 米 / 秒	（2008 年）

【气候】

北京 11 月气候概况

11月已进入冬季，气候日趋寒冷、干燥。树叶相继落尽，昆虫蛰伏。一般在中旬进入采暖期前后出现初雪。

气温通常在 −1 ～ 10 ℃之间，月平均气温 4.9 ℃。历史上，11 月份最高气温为 24.2 ℃（1926 年 11 月 5 日），最低气温 −13.5 ℃（1922 年 11 月 25 日）。

月降水量仅 9.5 毫米，降水日数只有 2.8 天，晴天日数多，空气干燥。

本月开始盛行偏北风，寒潮到来时，常伴有大风和剧烈降温等天气，月平均大风日数 1.2 天左右。

进入采暖期以后，大气中烟尘会明显增加，月平均烟幕与霾日为 17 天。

11月2日	----------- 天 文 时 刻 -----------			
	天亮	06时16分	天黑	17时40分
	日出	06时44分	日没	17时12分

今日历史气候值		
日平均气温	9.0℃	
日平均最高气温	15.2℃	
日平均最低气温	3.3℃	
日极端最高气温	21.3℃	（2006年）
日极端最低气温	−3.7℃	（2009年）
日最大降水量	2.4毫米	（1992年）
日最大风速	10.0米/秒	（1981年）

【气象与健康】

神奇的气象疗法（一）

山地气候一般是指千米以上的山地的气候。由于地势高，所以气压、气温、水汽压和氧气都随着高度的升高而降低，日平均气温低于平地，但并不像海洋那样潮湿，空气也比较清新。这样的气候条件可以使人肺通气量和肺活量增加、血液循环增强，血色素的含量也会增高，体温调节功能较差者可以很快改善。在高山上有充足的紫外线照射，可以促进人体内维生素D的合成。山地气候对贫血、高血压、动脉硬化等心血管病、肺结核、支气管哮喘等病的恢复健康极为有利。但是山地气候对甲状腺功能症和溃疡病不利，晚期高血压、心功能代谢不全的心脏病也不适合在山上疗养。

盆地里的平原一般都是风和日丽，冬天严寒、夏天酷暑，气温和湿度都适中，适宜呼吸系统、心脑血管、神经、贫血及肾脏疾病的患者进行疗养。

11月3日	天 文 时 刻			
	天亮	06时17分	天黑	17时39分
	日出	06时45分	日没	17时11分

今日历史气候值		
日平均气温	8.9℃	
日平均最高气温	15.1℃	
日平均最低气温	3.1℃	
日极端最高气温	22.0℃	（1995年）
日极端最低气温	−4.8℃	（2009年）
日最大降水量	22.5毫米	（2012年）
日最大风速	9.0米/秒	（1981年）

【气象与健康】

神奇的气象疗法（二）

森林地区草木丛生、花卉遍地，绿色植物的光合作用使空气中的二氧化碳被吸收后，转化为氧气释放出来，因此白天森林周围的空气中含有丰富的氧气。有的植物还能释放出对人体十分有益的"营养气体"和杀菌消毒的气体，同时林地内污染少，风速小，气流活动和太阳辐射都比较小，气温日较差也小，很适合于呼吸道疾病、神经官能症、肾病和心血管病的患者在此疗养，但是森林中的湿度较大，不适宜风湿症患者疗养。

海滨气候温和、阳光充足。由于海水具有较大的热容量，水域附近气温的日较差和年较差都小，这就减少了气象条件的剧烈变化对人体的影响。另外，海滨大气中含有的碘、氯、镁、钠等离子的气溶胶较多，而大气污染物较少，因此海滨气候不仅给人以清凉、舒适之感，而且对贫血、糖尿病、甲状腺病、心脏病、神经衰弱、呼吸病和皮肤病均有较好的疗效。

11月4日	--------------- 天 文 时 刻 ---------------			
	天亮	06 时 18 分	天黑	17 时 38 分
	日出	06 时 46 分	日没	17 时 10 分

今日历史气候值		
日平均气温	8.9 ℃	
日平均最高气温	14.7 ℃	
日平均最低气温	3.9 ℃	
日极端最高气温	21.4 ℃	（1984 年）
日极端最低气温	−3.3 ℃	（2002 年）
日最大降水量	48.9 毫米	（2012 年）
日最大风速	13.7 米 / 秒	（1979 年）

【气象知识】

寒 潮

冬半年（11 月初至次年 4 月底），北方强大的冷空气暴发南下，所经之地，在 24 小时内最低气温下降 8 ℃以上，最低气温降到 4 ℃以下并伴有大风的天气过程，称为寒潮。

寒潮暴发，实际上就是冷高压南下。冷高压前面的冷锋，称为寒潮冷锋。寒潮降温主要发生在寒潮冷锋过境之后，而最低温度往往出现在冷锋过境之后 1～3 天的早晨。寒潮大风主要出现在冷锋过境之后，持续时间一般为几小时到十几小时，也有二三天的。大风风向在中国北方多为偏西北风，中部多偏北风，南方多偏东北风。与大风相伴随的可有吹雪或风沙等天气现象的出现。在冬季，内蒙古和东北地区易有吹雪；春季，西北、内蒙古和华北地区易有风沙。

11 月 5 日	---------------- 天 文 时 刻 ----------------			
	天亮	06 时 19 分	天黑	17 时 37 分
	日出	06 时 47 分	日没	17 时 09 分

今日历史气候值		
日平均气温	8.6℃	
日平均最高气温	14.4℃	
日平均最低气温	3.7℃	
日极端最高气温	24.2℃	（1926 年）
日极端最低气温	-2.9℃	（1987 年）
日最大降水量	5.6 毫米	（1972 年）
日最大风速	9.9 米 / 秒	（2006 年）

【历史个例】

寒潮之灾

寒潮天气常常可以造成雪灾、风灾和冻害。

雪灾：寒潮大雪常造成对牧畜有很大影响的"白灾"（牧区积雪在30 厘米以上，草被雪埋），1981 年 5 月 10—11 日内蒙古锡林郭勒盟罕见暴风雪，降雪大于 30 毫米，平均风力达 10 级，72 万头牲畜受灾。

风灾：1979 年 4 月 10—12 日寒潮大风吹翻了正在新疆境内运行的一列客车，火车头和 13 节车厢全被吹翻，车窗全部被风沙刮破，风沙吹入车厢内，几乎把小孩埋住。沿海风暴潮也常在寒潮过程中发生，1966年 4 月 22—23 日渤海吹 8 级东北大风，莱州湾一带海水上涨 3 米以上，冲破海堤百余里（1 里 =500 米），海水倒流 60～70 千米。

急剧降温：1965 年 12 月 14—19 日一次全国性寒潮过程中，内蒙古二连浩特 48 小时内降温 19.9℃，创寒潮降温的最高纪录。

历史上寒潮影响下黄河发生封冻、海面出现结冰最严重的是 1969 年2 月 10—17 日，渤海海面发生几十年未有的大面积封冻，黄河下游也再次封冻。

11月6日	------------- 天 文 时 刻 -------------			
	天亮	06 时 20 分	天黑	17 时 36 分
	日出	06 时 48 分	日没	17 时 08 分

今日历史气候值		
日平均气温	8.7℃	
日平均最高气温	14.4℃	
日平均最低气温	4.0℃	
日极端最高气温	21.5℃	（1995 年）
日极端最低气温	−3.7℃	（1981 年）
日最大降水量	6.3 毫米	（2003 年）
日最大风速	9.7 米 / 秒	（1987 年）

【气象与环境】

霾形成的气象条件

霾形成的气象条件：主要是空气中悬浮的大量微粒和气象条件共同作用的结果，其成因有三：（1）水平方向风速很小，甚至达到静风时，大气在水平方向运动扩散能力极差，有利于悬浮微粒在低空某地滞留和积累。（2）垂直方向上出现逆温（逆温是指高空的气温比低空气温更高的现象）。发生逆温的大气层叫"逆温层"，厚度可从几十米到几百米。逆温层形成后近地层大气稳定不容易上下翻滚而形成对流，这样就会使低层特别是近地面层空气中的污染物和粉尘在低层堆积，增加大气低层和近地面层污染程度。（3）空气中悬浮颗粒物的增加。随着城市人口的增长和工业发展、机动车辆猛增，污染物排放和悬浮物大量增加。

11月7日	——————— 天 文 时 刻 ———————			
	天亮	06时21分	天黑	17时35分
	日出	06时50分	日没	17时07分

今日历史气候值		
日平均气温	7.3℃	
日平均最高气温	12.7℃	
日平均最低气温	2.8℃	
日极端最高气温	17.9℃	（2006年）
日极端最低气温	−3.1℃	（1981年）
日最大降水量	22.9毫米	（2003年）
日最大风速	12.0米/秒	（1980年）

【气候】

立 冬

每年 11 月 7 日前后太阳到达黄经 225° 时为立冬节气。据《月令七十二候集解》载："冬，终也，万物收藏也。"这时黄河中下游地区即将结冰。我国开始冬季农事活动和兴修水利。但在长江流域，真正的冬季要比立冬推迟半个月左右。

有关立冬日的雷、雾、霜、风、冷暖等方面都有不少谚语。如雷方面有"立冬打雷要反春""雷打冬，十个牛栏九个空"；雾方面有："立冬之日起大雾，冬水田里点萝卜"；风方面有"立冬北风冰雪多，立冬南风无雨雪"；冷暖方面有"立冬那天冷，一年冷气多"。

11月8日	─────── 天 文 时 刻 ───────			
	天亮	06 时 22 分	天黑	17 时 34 分
	日出	06 时 51 分	日没	17 时 06 分

今日历史气候值		
日平均气温	7.1℃	
日平均最高气温	12.4℃	
日平均最低气温	2.5℃	
日极端最高气温	20.2℃	（1998 年）
日极端最低气温	−3.9℃	（1981 年）
日最大降水量	5.5 毫米	（1975 年）
日最大风速	11.0 米／秒	（1985 年）

【气象与生活】

冬日的暖阳

在严寒的冬季，当天气晴朗无风时，坐在阳光下晒晒太阳，可以享受一下冬日的温暖。

晒太阳不仅给人以温暖，而且还能加强人体的血液循环，增强心脏搏击量，促进人体的新陈代谢，增强人体对钙的吸收，预防婴儿软骨病。

常晒太阳，多在阳光下活动、散步，婴幼儿多在阳光下玩耍，可增强耐寒能力，不易生病。若一到冬天，不敢到户外去享受阳光下的温暖，整日闷在家里，那必然像温室里的弱苗，经不起风寒。

世界上的事物总有正反两个方面，虽然晒太阳对人体大有益处，但过度的紫外线照射，轻则会使人反应迟钝，重者可诱发皮肤癌、肺癌等多种疾病。因此，晒太阳必须适度，不要在阳光最强时暴晒，也不要晒的时间过长，每天晒太阳 40 ～ 60 分钟为宜，而且要选择在阳光比较柔和的上午早些时候和下午的晚些时候。

11 月 9 日	天 文 时 刻			
	天亮	06 时 24 分	天黑	17 时 33 分
	日出	06 时 52 分	日没	17 时 05 分

今日历史气候值		
日平均气温	6.3 ℃	
日平均最高气温	11.7 ℃	
日平均最低气温	1.6 ℃	
日极端最高气温	17.6 ℃	（1994 年）
日极端最低气温	−3.8 ℃	（1980 年）
日最大降水量	7.8 毫米	（2004 年）
日最大风速	16.7 米 / 秒	（1973 年）

【灾害与防御】

霾防御指南

停止室外体育赛事；幼儿园和中小学停止户外活动。

减少户外活动和室外作业时间，避免晨练；缩短开窗通风时间，尤其避免早、晚开窗通风；老人、儿童及患有呼吸系统疾病的易感人群应留在室内，停止户外运动。

外出时最好戴口罩，尽量乘坐公共交通工具出行，减少小汽车上路行驶；外出归来，应清洗唇、鼻、面部及裸露的肌肤。

尽量减少空调等能源消耗，驾驶人员减少机动车日间加油，停车时及时熄火，减少车辆原地怠速运行。

11 月 10 日	———————————— 天 文 时 刻 ————————————			
	天亮 .	06 时 25 分	天黑	17 时 32 分
	日出	06 时 53 分	日没	17 时 04 分

今日历史气候值		
日平均气温	6.6℃	
日平均最高气温	11.9℃	
日平均最低气温	2.0℃	
日极端最高气温	20.3℃	（2005 年）
日极端最低气温	−3.7℃	（1974 年）
日最大降水量	7.4 毫米	（2012 年）
日最大风速	15.0 米 / 秒	（1983 年）

【行业气象】

低云和风对飞行的影响

低云对飞行影响较大。它们离地面的高度，一般从几百米到 1500 米，层云可低至几十米，这就给飞机的起飞和降落造成很大困难。云中的雷暴，更直接影响人、机的安全。同时，低云会造成恶劣的能见度，这对目视飞行也会造成很大困难。即使是装有雷达的飞机，也由于云和降水的水滴对电波的吸收和散射作用，而影响其辨别目标。在云中过冷却水滴区飞行，易产生积冰，遇强的升降气流，可使飞机颠簸，影响飞行安全。

侧风会使飞机产生扭转和倾斜，甚至会使飞机冲出跑道。台风往往会毁坏陆上或舰上飞机，空降时，风也可使伞兵偏离预定着陆点。

11月11日	---------------- 天 文 时 刻 ----------------			
	天亮	06 时 26 分	天黑	17 时 31 分
	日出	06 时 54 分	日没	17 时 03 分

今日历史气候值		
日平均气温	7.0 ℃	
日平均最高气温	12.0 ℃	
日平均最低气温	2.3 ℃	
日极端最高气温	20.5 ℃	（1995 年）
日极端最低气温	−5.8 ℃	（2000 年）
日最大降水量	22.2 毫米	（1993 年）
日最大风速	12.0 米 / 秒	（1979 年）

【气象与生活】

一氧化碳气象指数

2008 年 11 月 11 日一氧化碳气象指数预报产品首次投入业务应用，发布时间为 11 月到次年 3 月底。

北京的一氧化碳气象指数分为 4 个等级：1 级为自然气象条件比较利于一氧化碳的扩散，但由于居室内的一氧化碳浓度不仅与自然气象条件有关，同时与居室的通风条件有直接的关系，仍需提醒燃煤取暖及使用炭火等人员注意室内通风，预防煤气中毒；2 级为自然气象条件较不利于一氧化碳扩散，居室内一氧化碳气象指数呈增高趋势，提醒燃煤取暖及使用炭火等人员要注意室内通风，预防煤气中毒；3 级为自然气象条件不利于一氧化碳扩散，居室内一氧化碳气象指数较高，提醒燃煤取暖及使用炭火等人员要特别注意室内通风，谨防煤气中毒；4 级为自然气象条件极不利于一氧化碳扩散，居室内一氧化碳气象指数很高，特别提醒燃煤取暖及使用炭火等人员加大室内通风力度，特别注意防止煤气中毒。

11 月 12 日	------------ 天 文 时 刻 -------------			
	天亮	06 时 27 分	天黑	17 时 30 分
	日出	06 时 55 分	日没	17 时 02 分

今日历史气候值		
日平均气温	6.7℃	
日平均最高气温	12.1℃	
日平均最低气温	1.8℃	
日极端最高气温	19.0℃	（1995 年）
日极端最低气温	-5.6℃	（1979 年）
日最大降水量	5.1 毫米	（2009 年）
日最大风速	14.0 米 / 秒	（1979 年）

【行业气象】

电线积冰测量标准和方法

电线积冰可使电线受风面和振荡程度增大，当冰量累积到一定程度时，还会产生跳头、扭转以致折断电线和压倒电杆，导致停电和通讯中断等事故。它是架空线路设计中所必须考虑的自然荷载之一。

电线积冰测量标准和方法：

1. 电线积冰直径和厚度测量。电线积冰观测应伺机测定每次积冰过程的最大直径和厚度，以毫米（mm）为单位，取整数。

2. 电线积冰重量测量方法。将积冰测量工具合页箱张开置于冰层下方，用锯、刮刀、钳子等仔细地直接取下 25 厘米长的冰层，再将盛冰的合页箱取回室内进行称量，以克 / 米（g/m）为单位，取整数。取冰时应小心操作，不要缺失应取下的积冰。事后，应随即刮去这根导线上多余的积冰。

11 月 13 日	---------------- 天 文 时 刻 ----------------			
	天亮	06 时 28 分	天黑	17 时 29 分
	日出	06 时 57 分	日没	17 时 01 分

今日历史气候值		
日平均气温	5.8℃	
日平均最高气温	10.9℃	
日平均最低气温	1.4℃	
日极端最高气温	18.5℃	（1990 年）
日极端最低气温	−8.4℃	（1979 年）
日最大降水量	8.9 毫米	（2001 年）
日最大风速	15.0 米 / 秒	（1976 年）

【气象知识】

气象与森林火灾

对森林火灾发生有明显影响的气象要素，一是降水。降水量多少直接影响森林内可燃物的含水量，降水量多，可燃物含水量高，着火率低；反之，着火率就高。二是气温。气温高，可燃物自身温度高而干燥，易接近着火点，发生火灾的可能性就大。一般气温在 −10 ～ 25 ℃范围内，常有林火发生。气温高于 25 ℃，植物生长变绿，体内含水量增加，发生林火的机会也随之减少。三是风速。大风天多，火灾的次数就增加。因为大风可使可燃物变干、易燃；风也可带来新鲜空气，使火燃得更旺，俗话说"火借风势，风助火威"就是这个道理。四是相对湿度。通常相对湿度在 70％以上不易发生火灾，在 50％以下易发生火灾。

此时，已进入冬季，是森林发生火灾的高峰季节，特别是当有大风天气时，更要特别注意防火。

11 月 14 日	------------天 文 时 刻------------			
	天亮	06 时 29 分	天黑	17 时 28 分
	日出	06 时 58 分	日没	17 时 01 分

今日历史气候值		
日平均气温	4.6℃	
日平均最高气温	9.5℃	
日平均最低气温	0.1℃	
日极端最高气温	16.1℃	（1995 年）
日极端最低气温	−8.5℃	（1979 年）
日最大降水量	8.5 毫米	（1999 年）
日最大风速	9.7 米 / 秒	（2004 年）

【气象知识】

雾与霾的区别

雾霾，是雾和霾的组合词，统称为"雾霾天气"。

雾是自然现象，是悬浮在近地面大气中的大量微细水滴（或冰晶）的可见集合体。霾又称灰霾（烟霞），主要是人为因素造成的，是由空气中的灰尘、硫酸、硝酸、有机碳氢化合物等粒子使大气混浊，视野模糊并导致能见度恶化。

雾与霾的区别主要包括：（1）相对湿度不同。雾的相对湿度大于霾，当相对湿度较小时往往是霾，但雾、霾同时出现时，也可能相对湿度较大。（2）厚度不同。雾的厚度只有几十米至200米左右，霾的厚度可达1～3千米左右。（3）边界特征不同。雾的边界清晰，过了"雾区"可能就是晴空万里，但是霾与晴空区之间没有明显的边界。（4）颜色不同。雾的颜色是乳白色、青白色，霾则是黄色、橙灰色。（5）日变化不同。雾一般午夜至清晨最易出现；霾的日变化特征不明显，当空气团较稳定时，持续出现时间较长。

11 月 15 日	———————— 天 文 时 刻 ————————			
	天亮	06 时 30 分	天黑	17 时 28 分
	日出	06 时 59 分	日没	17 时 00 分

今日历史气候值		
日平均气温	4.8℃	
日平均最高气温	9.4℃	
日平均最低气温	0.6℃	
日极端最高气温	16.5℃	（2006 年）
日极端最低气温	−6.5℃	（1976 年）
日最大降水量	7.8 毫米	（1993 年）
日最大风速	11.3 米／秒	（1983 年）

【行业气象】

北京供暖期

北京的法定供暖时间为 11 月 15 日至次年 3 月 15 日，近年来北京已经改变了按固定时间供热的方式，改为法定采暖期加气象条件的弹性供热。每年供热开始前，都会进行多次供热气象会商，以准确的临期气象预报作为启动采暖的依据。2009—2015 年期间，由于天气影响，曾发生了三次供暖时间的调整。2009—2010 年供暖季，由于 2009 年 11 月 1 日北京降下 20 年来最早的一场雪，北京市首次启动提前供热，2010 年因气象部门预测 3 月 14，15 日北京将遭遇雨夹雪和寒流，在 3 月 15 日后又延长供热一周，3 月 22 日结束供热，这是北京市首次延长供热，共延长 22 天（提前 15 天，延后 7 天）；2011—2012 年供暖季，共延长 3 天（延后 3 天）；2012—2013 年供暖季共延长 16 天（提前 12 天，延后 4 天）。

11 月 16 日	———————— 天 文 时 刻 ————————			
	天亮	06 时 31 分	天黑	17 时 27 分
	日出	07 时 00 分	日没	16 时 59 分

今日历史气候值		
日平均气温	3.6℃	
日平均最高气温	8.7℃	
日平均最低气温	−0.8℃	
日极端最高气温	17.4℃	（1995 年）
日极端最低气温	−5.3℃	（1976 年）
日最大降水量	3.4 毫米	（1993 年）
日最大风速	12.3 米 / 秒	（1973 年）

【行业气象】

供暖节能气象等级指标

按照 2015 年 1 月 26 日发布 2015 年 5 月 1 日实施的《供暖气象等级》中华人民共和国气象行业标准的规定，将供暖气象等级由低到高分为 1～6 六个等级，而按照北京市地方标准，将北京行政区域供暖节能气象等级由低到高分为五个等级，即：1 级、2 级、3 级、4 级、5 级，见下表。

供暖节能气象等级、含义、节能温度、供热负荷指南

等级	含义	节能温度 TJ（℃）	供热负荷指南 r（%）	
1 级	最低	$TJ \geq 5$	$r \leq 50$	低量供暖
2 级	较低	$2 \leq TJ < 5$	$50 < r \leq 60$	少量供暖
3 级	中等	$0 \leq TJ < 2$	$60 < r \leq 70$	中量供暖
4 级	较高	$-4 \leq TJ < 0$	$70 < r \leq 80$	大量供暖
5 级	最高	$TJ < -4$	$80 < r \leq 100$	高量供暖

11 月 17 日	-------------- 天 文 时 刻 --------------			
	天亮	06 时 32 分	天黑	17 时 27 分
	日出	07 时 01 分	日没	16 时 58 分

今日历史气候值		
日平均气温	3.5℃	
日平均最高气温	8.9℃	
日平均最低气温	−1.2℃	
日极端最高气温	15.4℃	（2001 年）
日极端最低气温	−6.1℃	（1981 年）
日最大降水量	12.1 毫米	（2011 年）
日最大风速	13.0 米 / 秒	（1974 年）

【气象与农事】

冬季养鱼注意事项

保持适当的水温。鲢鱼、鲤鱼、草鱼、青鱼和鲫鱼等属温水性鱼类，适宜生活在 10～30℃的水中。当水温下降到 4℃时，这些鱼易冰伤或冻死。保持水温的最好办法是增加水深，当水深 2 米以上时，底层水温即可满足池鱼过冬要求。

池塘结冰后，要及时清扫冰上积雪，保持冰面的良好透明度，加强水中浮游植物光合作用，以保持水中有足够的氧气。

鱼在冬季一般呈休眠状态，很少吃食，主要靠消耗体内体营养物质维持生命。因此，应选择肥壮的鱼种越冬，最好不应小于 3 寸长，太小的鱼经不起冬季消耗，会瘦弱而死。

鱼在冬季为了保持体温，减少消耗，通常挤在一起。如果在池上滑冰，则可惊动鱼群游动，消耗能量，当鱼游到上层时还会被冷水冻伤或冻死。

11 月 18 日	—————— 天 文 时 刻 ——————			
	天亮	06 时 34 分	天黑	17 时 26 分
	日出	07 时 03 分	日没	16 时 57 分

今日历史气候值		
日平均气温	3.6℃	
日平均最高气温	8.9℃	
日平均最低气温	−0.9℃	
日极端最高气温	16.0℃	（2001 年）
日极端最低气温	−7.5℃	（1998 年）
日最大降水量	4.2 毫米	（1984 年）
日最大风速	13.3 米／秒	（1978 年）

【气象与生活】

冷热与服装（一）

热带恒热、寒带长寒，一年四季衣着变化不大，唯有亚热带和温带等中纬度地区，一年中有冬有夏，有严寒、有酷热。

为了抵御严寒，世界上寒冷地区的人们大都就地取材，以动物毛皮作物为材料，缝制各种衣裤，皮向外以挡风雪，毛在内以发挥其疏松保暖的功能。比如爱斯基摩人的衣服就多以驯鹿皮或海豹皮制成。西伯利亚的拉普人也以毛密绒厚的驯鹿皮制衣。我国冬季最冷的大、小兴安岭地区的鄂伦春人主要用狍子皮做长袍，而且把狍子头的皮做成帽子，戴上后很像狍子头，既惹人喜爱，打猎时又有伪装作用。号称"东北三宝"之一的貂皮，是最软、最轻的，用它做衣帽又漂亮又保暖，只是产量极少。我国黑龙江东部的赫哲族人以捕鱼狩猎为生，他们的皮衣许多是用鱼皮制作的。因为黑龙江的江水冬冷夏凉，多产大鱼，皮厚质好，晒干后经捶打变软，便成了轻便、保暖、耐磨且不进水的鱼革。鱼皮长衫是他们过去居家、串亲的礼服，而鱼皮套裤则是捕鱼的劳动服，不透水。

11 月 19 日	天 文 时 刻			
	天亮	06 时 35 分	天黑	17 时 26 分
	日出	07 时 04 分	日没	16 时 56 分

今日历史气候值		
日平均气温	3.6℃	
日平均最高气温	8.6℃	
日平均最低气温	−0.4℃	
日极端最高气温	16.7℃	（2001 年）
日极端最低气温	−7.1℃	（1989 年）
日最大降水量	8.8 毫米	（2011 年）
日最大风速	13.0 米 / 秒	（1976 年）

【气象与生活】

冷热与服装（二）

　　夏季衣服要求透气散热性能好，因此原料用棉、麻、丝绸十分普遍。夏季妇女穿的主要是裙子，因其通风、散热好且行动方便。有趣的是许多赤道和热带国家的男人也穿裙子，有些国家的政府官员和军队也不例外。例如斐济和西萨摩亚政府官员以至总统在正式场合一律穿素色裙子，而总统府大门前的卫兵上穿红衬衣，下穿白裙子，裙子下沿还做成锯齿形。当然，苏格兰男士穿的花格短裙并非气候原因，而是民族文化的标志。此外女裙也有非夏季穿的，例如我国新疆维吾尔族妇女一年四季都穿裙。在赤道和热带国家里还有一些不发达地区至今尚有一些居民仍基本是赤裸，只是下身挂些遮盖的东西。

　　在中东、北非的热带干旱沙漠，虽然气温很高，但人们还是穿着宽袍大袖的衣服，头戴白色纱巾，因为这里的阳光十分毒辣，如此穿戴是为了防晒，而且能保护人体免受沙尘之苦。由于当地空气十分干燥，宽袍大袖通风良好，穿着也不觉闷热。当然，这种穿着也是因为阿拉伯人的风格是不能抛头露面的。

11 月 20 日

今日历史气候值		
日平均气温	3.5℃	
日平均最高气温	9.5℃	
日平均最低气温	−1.4℃	
日极端最高气温	18.0℃	（2001 年）
日极端最低气温	−6.0℃	（1993 年）
日最大降水量	2.7 毫米	（2003 年）
日最大风速	14.0 米 / 秒	（1974 年）

【气象与农事】

气象与农事（11 月）

本月板栗处于落叶期，应进行浇冻水，深翻等农事作业。浇冻水可以防止越冬旱冻危害，利于翌年开花结果，适墒情浇足冻水，深翻树下土壤，破坏深藏树下害虫生存环境，以昼消夜冻为好，可根据土壤墒情酌情浇好浇足。

本月苹果也处于落叶期，应清园、主干涂白、刮治腐烂病、继续施基肥、冬季修剪和冬灌。本月葡萄的主要的农业气象灾害是大风，预防此种灾害须在剪枝时即加以考虑，多留短果枝，少留长果枝，以减轻晃度。另外应在采后秋施基肥、浇冻水、清园，保证树体正常越冬。

11 月 21 日	—————————— 天 文 时 刻 ——————————			
	天亮	06 时 37 分	天黑	17 时 25 分
	日出	07 时 06 分	日没	16 时 55 分

今日历史气候值		
日平均气温	3.4℃	
日平均最高气温	9.1℃	
日平均最低气温	−1.5℃	
日极端最高气温	17.6℃	（2001 年）
日极端最低气温	−8.7℃	（1993 年）
日最大降水量	10.0 毫米	（1998 年）
日最大风速	12.0 米 / 秒	（1977 年）

【灾害与防御】

寒潮预警信号

寒潮是一种大型天气过程，会造成大范围的剧烈降温、大风和雨雪天气，由寒潮引发的大风、霜冻、雪灾、雨凇等灾害对农业、交通、电力、航海以及人们健康都有很大的影响。

寒潮预警信号分为四级，分别以蓝色、黄色、橙色、 红色表示。

寒潮蓝色预警信号划分标准：48 小时内最低气温将要下降 8℃以上，最低气温小于等于 4℃，陆地平均风力可达 5 级以上；或者已经下降 8℃以上，最低气温小于等于 4℃，平均风力达 5 级以上，并可能持续。

寒潮黄色预警信号划分标准：24 小时内最低气温将要下降 10℃以上，最低气温小于等于 4℃，陆地平均风力可达 6 级以上；或者已经下降 10℃以上，最低气温小于等于 4℃，平均风力达 6 级以上，并可能持续。

寒潮橙色预警信号划分标准：24 小时内最低气温将要下降 12℃以上，最低气温小于等于 0℃，陆地平均风力可达 6 级以上；或者已经下降 12℃以上，最低气温小于等于 0℃，平均风力达 6 级以上，并可能持续。

寒潮红色预警信号划分标准：24 小时内最低气温将要下降 16℃以上，最低气温小于等于 0℃，陆地平均风力可达 6 级以上；或者已经下降 16℃以上，最低气温小于等于 0℃，平均风力达 6 级以上，并可能持续。

11月22日	----------- 天 文 时 刻 -----------			
	天亮	06时38分	天黑	17时24分
	日出	07时07分	日没	16时54分

今日历史气候值		
日平均气温	3.6℃	
日平均最高气温	8.3℃	
日平均最低气温	−0.6℃	
日极端最高气温	15.0℃	（1990年）
日极端最低气温	−9.6℃	（1993年）
日最大降水量	3.1毫米	（1985年）
日最大风速	15.7米/秒	（1979年）

【灾害与防御】

寒潮防御指南

农、林、养殖业积极采取防霜冻、冰冻等防寒措施，对作物、树木、牲畜等采取有效的防冻措施。

有关部门视情况调节居民供暖，燃煤取暖用户注意防范一氧化碳中毒。

大风天气应及时加固围板、棚架、广告牌等易被大风吹动的搭建物，停止高空作业及室外高空游乐项目。

个人应注意添衣保暖，做好对大风降温天气的防御准备；老、弱、病、幼，特别是心血管病人，哮喘病人等对气温变化敏感的人群尽量不要外出。

个人减少出行，外出时应采取防寒、防风措施，远离施工工地，驾驶人员应注意路况，慢速行驶，不在高大建筑物、广告牌或大树下方停留或停车。

11月23日	天文时刻			
	天亮	06时39分	天黑	17时24分
	日出	07时08分	日没	16时54分

今日历史气候值		
日平均气温	3.3℃	
日平均最高气温	7.8℃	
日平均最低气温	−0.7℃	
日极端最高气温	13.7℃	（2005年）
日极端最低气温	−8.8℃	（1993年）
日最大降水量	5.8毫米	（1986年）
日最大风速	13.0米/秒	（1972年）

【气候】

小　雪

　　每年11月22日或23日，当太阳移达黄经240°时，为小雪节气。由于北方冷空气势力增强，气温迅速下降，当接近0℃时，雨为寒气所袭，而凝雨为雪。《月令七十二候集解》云："小者，未盛之辞。"表明初雪阶段，雪量小，次数也不多。黄河流域一般在小雪节气后开始下雪。

　　民间流传着"小雪对小暑，大雪对大暑"的说法。意思是说小雪前后出现的天气与小暑前后的天气相对应，如广西有"小雪落了雪，小暑有干旱；小雪下了雨，小暑不干旱。"

11 月 24 日

---------------- 天 文 时 刻 ----------------			
天亮	06 时 40 分	天黑	17 时 23 分
日出	07 时 09 分	日没	16 时 54 分

今日历史气候值		
日平均气温	3.2℃	
日平均最高气温	7.8℃	
日平均最低气温	−0.9℃	
日极端最高气温	14.7℃	（2005 年）
日极端最低气温	−9.6℃	（1993 年）
日最大降水量	0.9 毫米	（1999 年）
日最大风速	13.0 米 / 秒	（1973 年）

【气象知识】

雨夹雪

雪和雨都是由空气中的云，或者说是小水滴遇冷后凝结而成的。但是它形成的初期都需要一个核，这个核一般来说是由空气中的尘埃充当的。当气温变冷后，尘埃的温度比水滴的温度下降得更快，这时小水滴就会聚集并依附在小尘埃上，形成更大的水滴，当它大到比空气重时，它就会降落下来，它越降就会越大，这样就形成了雨。而当高空温度非常冷时，它就不是成雨，而是形成雪花或者冰雹了。这些都是在高空中发生的，但是如果低空中气温比较高时，有一部分的雪会融化成水，当它们到达地面时，就成了雨夹雪。

11月25日	——————— 天 文 时 刻 ———————			
	天亮	06时41分	天黑	17时23分
	日出	07时10分	日没	16时53分

今日历史气候值		
日平均气温	2.3℃	
日平均最高气温	7.1℃	
日平均最低气温	−1.7℃	
日极端最高气温	14.6℃	（1971年）
日极端最低气温	−13.5℃	（1922年）
日最大降水量	14.7毫米	（1987年）
日最大风速	13.0米/秒	（1972年）

【气象知识】

北京的降雪与积雪

1981—2010年北京的平均初雪日为11月29日前后，中雪一般在3月19日前后，平均降雪期大约114天。年降雪日数9.5天，最多20天，最少仅4天。11月至次年4月平均每月降雪1—2天。冬季，若冷空气从东北平原渤海侵入本市，低层为偏东风时，往往形成降雪天气。

北京的积雪一般在12月16日前后出现。最早出现在10月31日（1987年），最晚出现在2月11日（1984年）。积雪日数平均15.6天，最多年36天，最少年4天。观象台记录中最大积雪深度为24厘米，出现过两次。

1968年12月30日房山县（现为房山区）霞云岭积雪曾达35厘米。据调查，密云县（现为密云区）境内历史上曾出现过1米深的积雪。

11 月 26 日	天 文 时 刻			
	天亮	06 时 42 分	天黑	17 时 22 分
	日出	07 时 12 分	日没	16 时 53 分
今日历史气候值				
日平均气温	1.9℃			
日平均最高气温	6.8℃			
日平均最低气温	−2.3℃			
日极端最高气温	14.3℃	（2005 年）		
日极端最低气温	−7.6℃	（1992 年）		
日最大降水量	9.7 毫米	（1987 年）		
日最大风速	14.0 米 / 秒	（1972 年）		

【气象知识】

北京初雪日的定义

北京初雪日是指北京市域内第一次出现较大范围降雪过程的日期。某年度初雪日的统计时段从当年 10 月 1 日至第二年 5 月 31 日止。满足以下 2 个条件之一的第一个降雪日定义为该年北京的初雪日：

1. 全市 20 个人工站中多于 10 个站点观测到有降雪现象。

2. 城区 5 站（朝阳、海淀、丰台、石景山、观象台）均观测到有降雪现象；或城区 5 站中的 3 个或以上站点观测到有降雪现象。且至少 1 个站降雪量大于或等于 0.1 毫米。

11 月 27 日	------- 天 文 时 刻 -------			
	天亮	06 时 43 分	天黑	17 时 22 分
	日出	07 时 13 分	日没	16 时 53 分

今日历史气候值		
日平均气温	1.3℃	
日平均最高气温	6.4℃	
日平均最低气温	−2.9℃	
日极端最高气温	13.6℃	（1980 年）
日极端最低气温	−9.3℃	（1972 年）
日最大降水量	0.0 毫米	（2003 年）
日最大风速	12.7 米 / 秒	（1979 年）

【气候】

北京历史初雪日

根据北京市气象局关于初雪日定义的业务标准，从 1961—1962 年冬季开始统计，截止到 2015—2016 年冬季，北京初雪日出现最早和最晚日期前五名排序如下表：

北京初雪日出现的最早和最晚日期

排序	最早初雪日		最晚初雪日	
	出现年份	出现时间	出现年份	出现时间
1	1987—1988 年冬季	1987–10–31	1983—1984 年冬季	1984–02–11
2	2009—2010 年冬季	2009–11–01	2010—2011 年冬季	2011–02–10
3	1992—1993 年冬季	1992–11–02	2013—2014 年冬季	2014–02–07
4	2012—2013 年冬季	2012–11–04	1972—1973 年冬季	1973–01–22
5	1976—1977 年冬季 1981—1982 年冬季	1976–11–05 1981–11–05	1970—1971 年冬季	1971–01–19

11月28日	----------- 天文时刻 -----------			
	天亮	06时44分	天黑	17时21分
	日出	07时14分	日没	16时52分

今日历史气候值		
日平均气温	1.3℃	
日平均最高气温	6.0℃	
日平均最低气温	−2.8℃	
日极端最高气温	12.9℃	（1980年）
日极端最低气温	−8.5℃	（1971年）
日最大降水量	0.1毫米	（1971年）
日最大风速	14.0米/秒	（1977年）

【气象知识】

瑞雪兆丰年

民间有"瑞雪兆丰年""冬雪丰年，春雪讨谦"的谚语。"瑞雪兆丰年"意思是说冬天下几场大雪，是来年庄稼获得丰收的预兆。主要是因为以下几点：（1）积雪层对越冬作物的防冻保暖作用。大雪可以防止土壤中的热量向外散发，又可阻止外界冷空气的侵入，就像给庄稼盖上了一条棉被。（2）增墒肥田作用。来年春季融化了的雪水渗入土中，就像给土壤进行了一次灌溉，并且能够带来较多的氮化物，对缓解春旱和春耕播种大有好处。（3）冻死害虫。雪盖在土壤上起了保温作用，这对钻到地下过冬的害虫暂时有利。但化雪的时候，要从土壤中吸收许多热量，这时土壤会突然变得非常寒冷，温度降低许多，害虫就会冻死。

为什么春天下雪使人讨嫌呢？这是因为春天气温逐渐升高，越冬作物遇上一场春雪，就会冻坏，而且土地过湿不利于下地干活。

11月29日	——————— 天 文 时 刻 ———————			
	天亮	06时45分	天黑	17时21分
	日出	07时15分	日没	16时52分

今日历史气候值		
日平均气温	1.6℃	
日平均最高气温	6.5℃	
日平均最低气温	−3.0℃	
日极端最高气温	13.6℃	（1980年）
日极端最低气温	−10.6℃	（1987年）
日最大降水量	0.6毫米	（1990年）
日最大风速	16.3米/秒	（1972年）

【气象与生活】

汽车在复杂天气条件下的驾驶规程

汽车在风、雪、雨、雾中行驶，因视距短，道路滑，应当减速行驶，并使用刮水器，必要时应开灯。

雨中行驶，应尽量避免靠近路边和采用紧急制动或急速转向。雨天不应在河边、堤边久停，以防滑溜倾陷。大雨或雨后行车，要注意路基塌陷或山岩崩塌等情况。雨中行车要注意密封机盖，防止因漏水使电器受潮。

雾中行车应使用雾灯，并随时鸣号警告。对面来车鸣号时，应用短音回答，交会前可明、灭灯光示意，以免相撞。

在恶劣天气行车，要加倍注意路况，时刻警惕行人或自行车埋头行进或突然转向的情况，因此，应不时鸣号准备制动。

11月30日	天 文 时 刻			
	天亮	06时46分	天黑	17时21分
	日出	07时16分	日没	16时51分

今日历史气候值		
日平均气温	1.1℃	
日平均最高气温	6.5℃	
日平均最低气温	−3.1℃	
日极端最高气温	12.9℃	（1988年）
日极端最低气温	−9.4℃	（1987年）
日最大降水量	2.3毫米	（1994年）
日最大风速	13.0米/秒	（1983年）

【气象与生活】

汽车如何在冰雪道路上行驶

汽车在冰雪道路上行驶时，轮胎与路面摩擦系数减小，车轮容易产生空转和打滑，积雪较深时路面阻力大，这些都会给汽车驾驶和行进造成困难。汽车驾驶员应根据地形情况、冰雪厚度、汽车性能、载重多少以及行车时间的不同采取相应措施，确保行车安全。

汽车通过冰冻道路时，可装上防滑链，或在冰上撒一层沙粒，用低档缓慢行进。提高车速时不要过猛，减速时应利用发动机制动。转弯速度要缓慢并增大转弯半径以防横滑。车间距离要适当增大。

在野外积雪地区行驶时，首先要设法勘明行驶路线，握紧方向盘，缓慢行进。如路上已有车辙，应循辙前进，转向盘不得猛转、猛回。

雪路上对面来车，应选择比较安全地方会车，必要时可在较宽地段停车。停车时，应提前减速并缓慢制动。

严寒季节，最好不要在冰雪地上长时间停车，防止轮胎冻结在地面上。

气象北京365 ———— 12月份

12 月 1 日	─────────── 天 文 时 刻 ───────────			
	天亮	06 时 47 分	天黑	17 时 20 分
	日出	07 时 17 分	日没	16 时 50 分

今日历史气候值		
日平均气温	0.7℃	
日平均最高气温	5.4℃	
日平均最低气温	−3.3℃	
日极端最高气温	13.4℃	（2008 年）
日极端最低气温	−9.6℃	（1981 年）
日最大降水量	6.2 毫米	（1974 年）
日最大风速	12.0 米 / 秒	（1980 年）

【气候】

北京 12 月气候概况

本月气候寒冷、干燥，土壤和湖水封冻。

气温通常在 3 ～ 8℃之间，月平均气温 −1.1℃。日最低气温低于 −10℃的严寒日数为 2.0 天。历史上，12 月份最高气温 19.5℃（1989 年 12 月 3 日），最低气温 −19.6℃（1916 年 12 月 25 日）。

本月降水稀少，空气干燥。月降水量只有 2.0 毫米，是全年降水量最少的月份。降雪日数只有 3.0 天。

月平均大风日数 1.3 天，多为寒潮所造成的偏北大风，扬沙日数 0.3 天。本月雾、霾日达 18.1 天，居全年各月之首。特别在降雪和冷空气到来之前，雾、霾最浓。

12 月 2 日	------------- 天 文 时 刻 -------------			
	天亮	06 时 48 分	天黑	17 时 20 分
	日出	07 时 18 分	日没	16 时 50 分

今日历史气候值		
日平均气温	0.3℃	
日平均最高气温	4.8℃	
日平均最低气温	−3.6℃	
日极端最高气温	13.4℃	（1983 年）
日极端最低气温	−12.1℃	（1981 年）
日最大降水量	3.3 毫米	（1974 年）
日最大风速	13.0 米 / 秒	（1973 年）

【气象知识】

霰和米雪

霰又称雪丸或软雹，是由白色不透明的近似球状（有时呈圆锥形）的、有雪状结构的冰相粒子组成的固态降水，直径 2～5 毫米，多在下雪前或下雪时出现，落在硬的地面常常会反弹且松脆易碎。霰不属于雪的范畴，在不同的地区有米雪、雪霰、雪子、雪糁、雪豆子等名称。

米雪是从云中降落的非常小的不透明白色冰粒形成的降水。呈扁平或细长状，粒径通常小于 1 毫米，下降均匀、缓慢、稀疏。与霰的区别是它落到较硬的地上一般不会反弹，也不会像霰一样碎裂。

12 月 3 日	---------------- 天 文 时 刻 ----------------			
	天亮	06 时 49 分	天黑	17 时 20 分
	日出	07 时 19 分	日没	16 时 50 分

今日历史气候值		
日平均气温	0.7℃	
日平均最高气温	5.4℃	
日平均最低气温	−3.7℃	
日极端最高气温	19.5℃	（1989 年）
日极端最低气温	−10.9℃	（1981 年）
日最大降水量	1.0 毫米	（2005 年）
日最大风速	15.7 米/秒	（1980 年）

【气象知识】

冰 粒

冰粒又称冰丸，是由直径小于5毫米的透明或半透明的丸状或不规则的较硬的冰粒子组成的固态降水，落地有沙沙声，遇硬地面会反跳。有时内部有未冻结的水，如被碰碎，则只剩下破碎的冰壳。冰粒常呈间歇性下降，有时伴有雨，多来自雨层云。

冰粒包括两种：（1）冻结的雨滴或者大部分融化以后再冻结的雪团，直径在1～3毫米。其内部往往还有未冻结的水，如果碰破就剩下破碎的冰壳。（2）包在冰壳里的霰。冰壳是由霰的一部分融化后再冻结而成，也可能由于霰碰并冻结过冷云滴较快，且气温较高时来不及立即冻结而形成冰壳，直径2～5毫米，旧名小冰雹。

2013年1月31日北京出现了一次雨雪天气，且混杂着冰粒和冻雨，虽然路面没有明显积雪但十分湿滑，同时由于低层存在明显逆温层，雾、霾也没有散去，复杂的天气给交通带来了较大影响。

12 月 4 日	---------------- 天 文 时 刻 ----------------			
	天亮	06 时 49 分	天黑	17 时 20 分
	日出	07 时 20 分	日没	16 时 50 分

今日历史气候值		
日平均气温	0.4℃	
日平均最高气温	5.5℃	
日平均最低气温	−3.7℃	
日极端最高气温	16.5℃	（1989 年）
日极端最低气温	−9.2℃	（1980 年）
日最大降水量	0.3 毫米	（2001 年）
日最大风速	14.0 米 / 秒	（1971 年）

【气象与环境】

光化学烟雾的由来

光化学烟雾最早是在美国洛杉矶发现的。洛杉矶是美国第三大城市，进入 20 世纪 40 年代，每当夏季和早秋，洛杉矶上空就会经常出现一种不寻常的烟雾。这种烟雾使人眼睛发红，喉部疼痛，有的还伴有不同程度的头昏、头痛。从 8 月到 10 月，洛杉矶一年总有 60 天左右笼罩在烟雾之中，因而被称为美国的"烟雾城"。开始，光化学烟雾是汽车、工厂等污染源排入大气的碳氢化合物和氮氧化物等一次污染物在阳光（紫外光）作用下发生光化学反应生成二次污染物，参与光化学反应过程的一次污染物和二次污染物的混合物所形成的烟雾污染现象，是碳氢化合物在紫外线作用下生成的有害浅蓝色烟雾。

光化学烟雾不仅对人体影响很大，还会损害到各种动植物。严格控制汽车尾气和工业污染排放是减少光化学烟雾的有效途径。

12月5日	天 文 时 刻			
	天亮	06时50分	天黑	17时20分
	日出	07时20分	日没	16时50分

今日历史气候值		
日平均气温	−0.3℃	
日平均最高气温	4.6℃	
日平均最低气温	−4.5℃	
日极端最高气温	13.4℃	（2010年）
日极端最低气温	−10.0℃	（2008年）
日最大降水量	0.5毫米	（1997年）
日最大风速	14.0米/秒	（1972年）

【气象与环境】

伦敦烟雾事件是怎样发生的

1952年12月5—9日，英国许多地区出现了大雾。地处泰晤士河开阔河谷的伦敦，更是烟雾弥漫、笼罩全城。烟雾降低了能见度，使人走路都有困难，所有飞机的飞行都被取消，只有最有经验的司机才敢驾驶汽车。

这究竟是怎么回事呢？原来在这几天里，由于冷空气沿着伦敦盆地的斜面进入了盆地，使得接近地面空气的温度比高层空气温度还低，形成了"逆温"现象，一连4天，空气几乎完全静止不动。当时正值隆冬季节，从家庭和工厂的烟囱里排出的烟尘终久不散，越积越多。

在这次烟雾事件中，仅伦敦市区第一周内就有945人死亡，在第二周内死亡人数激增到2484人，而整个伦敦地区共有4703人死亡。在事件过后的两个月中，又陆续有8000人死亡，其中老年人发病率最高，这些人都是直接或间接受烟雾之害而死去的。

12 月 6 日	------------- 天 文 时 刻 -------------			
	天亮	06 时 51 分	天黑	17 时 20 分
	日出	07 时 21 分	日没	16 时 50 分

今日历史气候值		
日平均气温	−0.2 ℃	
日平均最高气温	4.2 ℃	
日平均最低气温	−4.0 ℃	
日极端最高气温	10.4 ℃	（1990 年）
日极端最低气温	−11.4 ℃	（1982 年）
日最大降水量	8.3 毫米	（1997 年）
日最大风速	11.0 米 / 秒	（1971 年）

【气象知识】

雪 线

虽然同在赤道地区，夏季的平原和谷地，热得像蒸笼，人们挥汗如雨，可是，在高山峰顶，却是白雪皑皑，寒气刺骨。例如，东非的乞力马扎罗山和厄瓜多尔境内的安第斯山脉的一些高峰。乞力马扎罗山是一座火山，高耸在横跨肯尼亚和坦桑尼亚边界的东非平原上，其最高峰海拔 5894 米，被称为"非洲之巅"。

地球陆面高山多年积雪区和季节积雪区之间的界线叫雪线。雪线的高度取决于气温及降雪量。极地附近，雪线在地面；在纬度 40° 的地方，根据气候干燥程度，雪线在 2500 ～ 5000 米之间；在赤道附近，雪线高于 5000 米。

12月7日	——————— 天 文 时 刻 ———————			
	天亮	06时52分	天黑	17时20分
	日出	07时22分	日没	16时50分

今日历史气候值		
日平均气温	-0.3℃	
日平均最高气温	4.9℃	
日平均最低气温	-4.5℃	
日极端最高气温	13.4℃	（1983年）
日极端最低气温	-12.7℃	（1985年）
日最大降水量	2.4毫米	（1991年）
日最大风速	19.0米/秒	（1976年）

【气候】

大 雪

每年12月7日前后太阳到达黄经255°时为大雪节气。据《月令七十二候集解》载："十一月节，大者盛也。至此而雪盛矣。"黄河流域一带渐有积雪。有农谚："大雪冬至雪花飞。"

大雪节气以后，江南进入隆冬时节，各地气温显著下降，常出现冰冻现象。"大雪冬至后，篮装水不漏"就是这个时间的真实写照，但是有的年也不尽然，气温较高，无冻结现象，往往造成后期雨水多。

秋分以后，太阳直射点从赤道南移，到了大雪节，已快接近南回归线，北半球各地日短夜长，因而有农谚"大雪小雪，煮饭不息"等说法，用以形容白昼短到了农妇们几乎连着做三顿饭了。

12月8日	─────── 天 文 时 刻 ───────			
	天亮	06时53分	天黑	17时20分
	日出	07时23分	日没	16时50分

今日历史气候值		
日平均气温	−0.4℃	
日平均最高气温	4.9℃	
日平均最低气温	−4.9℃	
日极端最高气温	12.1℃	（1983年）
日极端最低气温	−15.2℃	（1985年）
日最大降水量	2.7毫米	（1980年）
日最大风速	18.0米/秒	（1976年）

【气象知识】

雪线最高的地方

雪线上的年降雪量等于年消融量，因之雪线亦即降雪与消融的零平衡线。雪线高度与纬度位置、降雪量密切相关，纬度愈高雪线愈低，降雪量越大雪线也愈低。因此，世界雪线位置最高处并不与赤道重合，而是在南北两个亚热带的高压带。这两个高压带与赤道带与温度差别并不显著，降水量却相当悬殊，亚热带高压带降雪量的急剧减少，使雪线上升到最大高度。南美洲南纬20～25°间（主要在智利北部和玻利维亚西南部）的安第斯山雪线最高，一般高5500～6000米，最高可达6400米，是世界上雪线最高的地方。

12 月 9 日	天 文 时 刻			
	天亮	06 时 54 分	天黑	17 时 20 分
	日出	07 时 24 分	日没	16 时 50 分

今日历史气候值		
日平均气温	−0.1℃	
日平均最高气温	4.5℃	
日平均最低气温	−3.9℃	
日极端最高气温	12.0℃	（2004 年）
日极端最低气温	−13.5℃	（1985 年）
日最大降水量	2.6 毫米	（1974 年）
日最大风速	11.7 米 / 秒	（1979 年）

【气象知识】

雪　花

过了"大雪"节气，我国大部分地区都已经雪花飘飘了。大自然的杰作——雪花给我们提供了许多有趣的知识。

雪花是怎么形成的？雪花是空中的水蒸气遇冷凝华而成的。在一般情况下，水蒸气先凝结成水，然后才能结冰。雪花却是直接由水蒸气凝华而成。

雪花有多大？雪花最大的直径不超过 2 毫米。我们常见的鹅毛大雪，那种雪片是在降落过程中，许多雪花黏结在一块形成的。

雪花有多重？雪花非常轻，五千朵到一万朵雪花才有一克重。一立方米新雪有六十亿朵到八十亿朵雪花。

雪花是什么形状？雪花的形状千差万别，每一朵雪花都是一件精致的艺术品。到现在，已经知道雪花有两万种不同的图案。不过它基本上是对称的六角形结构。

12 月 10 日	——————— 天文时刻 ———————			
	天亮	06 时 55 分	天黑	17 时 20 分
	日出	07 时 25 分	日没	16 时 50 分

今日历史气候值		
日平均气温	−0.1℃	
日平均最高气温	4.4℃	
日平均最低气温	−4.0℃	
日极端最高气温	10.5℃	（2004 年）
日极端最低气温	−12.3℃	（1985 年）
日最大降水量	1.9 毫米	（2007 年）
日最大风速	11.0 米 / 秒	（1983 年）

【气象知识】

地穿甲

雪落在地面，立即凝结，光滑坚硬如铁甲，俗谓之"地穿甲"，是一种严重的道路结冰现象。雨雪低温会导致路面出现"地穿甲"现象，汽车在这样的路面上行驶会带来灾难。地穿甲的路面是最滑的，自行车的轮胎与路面接触面积是很小的，骑自行车容易出现摔倒的现象，汽车车轮容易产生空转和打滑。

形成地穿甲的几种可能：（1）先是下雨，或雨夹雪，辅在路面上，积水没有来得及分散，温度降到零下，雪水冻在了路面上，这是显形的地穿甲。一般在东北，当初春来临，冰雪融化时，早上的路面非常容易出现这样的情况，路面就跟玻璃镜子一样，光滑明亮。（2）下雪了，但没融化，也没来得及清理，积压的雪，被人踩踏，或机动车碾压，也会形成冰雪地穿甲。（3）地面上有冰，冰牢牢地附着在路面上，而后冰上面又下了一层雪，这种地穿甲，更隐蔽，更容易发生交通事故。

12 月 11 日	——————— 天 文 时 刻 ———————			
	天亮	06 时 56 分	天黑	17 时 20 分
	日出	07 时 26 分	日没	16 时 50 分

今日历史气候值		
日平均气温	−0.5℃	
日平均最高气温	4.0℃	
日平均最低气温	−4.5℃	
日极端最高气温	10.2℃	（2011 年）
日极端最低气温	−12.4℃	（1974 年）
日最大降水量	0.7 毫米	（1980 年）
日最大风速	17.0 米 / 秒	（1972 年）

【气象与健康】

人在寒冷时为什么颤抖

天气寒冷时，人的皮肤散热加快，从而引起体温下降。与此同时，人体各产热器官便加紧产热，给身体补充热量，以维持体温平衡。

人体产热的主要部位是内脏和肌肉。肝是内脏中主要产热器官，人在静止时主要靠内脏的基础代谢产热维持体温。肌肉活动能产生大量热量，剧烈运动时骨骼肌产热量比内脏基础代谢产热量大 10 ～ 15 倍。

在冬季，人们食欲往往较好，消化能力较强，基础代谢产热增加。当基础代谢产热仍不能弥补人体散热的损失时，肌肉活动产热开始增加，人们不由自主地将身体缩在一起。寒冷严重时，肌肉纤维自发地发生同步收缩，这就是颤抖。颤抖可在短时间内产生相当多的热量，一小时产热相当于基础代谢产热的 5 倍，它是人体抵御寒冷的本能反应。

12 月 12 日	---------- 天 文 时 刻 ----------			
	天亮	06 时 56 分	天黑	17 时 20 分
	日出	07 时 27 分	日没	16 时 50 分

今日历史气候值		
日平均气温	−0.4℃	
日平均最高气温	4.8℃	
日平均最低气温	−5.3℃	
日极端最高气温	10.1℃	（1988 年）
日极端最低气温	−12.3℃	（1972 年）
日最大降水量	0.9 毫米	（2001 年）
日最大风速	12.4 米 / 秒	（2001 年）

【气象与生活】

轮胎不给力怎么办

进入冬季后很多车主会发现，轮胎的抓地力下降了，刹车距离更长了。这是因为到了冬季轮胎的附着力就会降低，车辆刹车性能下降，所以在进入冬季时建议更换冬季轮胎。

对于冬季轮胎很多车主都存在一个误区，认为冬季轮胎就是雪地胎，而在城市里驾车的时候，路面上的积雪在短时间内都会被扫清，不需要这个额外的装备。实际上这样理解冬季轮胎是不对的，因为对冬季轮胎的定义是适合低于 7℃温度下使用的轮胎，并非适用于雪地的轮胎。

冬季轮胎选用的材质相对较软，胎花纹沟相对更宽更深，可以在冰雪路面提供更强的抓地性和防滑性，保障低温状态下汽车在路面上的附着力，使其在冬季干冷、湿滑、积雪的路面上都能有更好的制动和操控等性能。

12 月 13 日	————— 天 文 时 刻 —————			
	天亮	06 时 57 分	天黑	17 时 21 分
	日出	07 时 27 分	日没	16 时 50 分
今日历史气候值				
日平均气温	−0.7℃			
日平均最高气温	4.3℃			
日平均最低气温	−4.5℃			
日极端最高气温	9.1℃	（1998 年）		
日极端最低气温	−11.8℃	（1980 年）		
日最大降水量	2.7 毫米	（1995 年）		
日最大风速	17.0 米 / 秒	（1974 年）		

【气象与生活】

雨刷冻住了怎么解决

如果清晨出门发现雨刷器被冻且粘在挡风玻璃上了，这种情况就不能给车洗热水澡了，这样容易使车窗因为温度变化而炸裂，甚至使雨刷器变形。

正确的方法应该是将空调开至热风，吹风模式为前风挡，待雨刷器自然化开。此外，还应该注意雨刷片的使用状况，如老化或破损应及时更换以避免对玻璃的划伤。为了防止雨刷被冻，建议您在雨雪天气时将雨刷竖起，这样就不会粘到玻璃上了。

12 月 14 日	------------ 天 文 时 刻 ------------			
	天亮	06 时 58 分	天黑	17 时 21 分
	日出	07 时 28 分	日没	16 时 50 分

今日历史气候值		
日平均气温	−1.2℃	
日平均最高气温	3.9℃	
日平均最低气温	−5.3℃	
日极端最高气温	10.4℃	（1973 年）
日极端最低气温	−11.9℃	（1980 年）
日最大降水量	5.2 毫米	（2012 年）
日最大风速	12.7 米 / 秒	（1986 年）

【气象与生活】

车窗或车门冻住了怎么办

当你出门发现车辆被一层厚厚的大雪覆盖住时，千万别急着去铲车窗上的雪，这样很容易把玻璃刮伤。第一件要做的就是先热车，然后把浮雪先刮掉，刮掉浮雪的这段时间差不多发动机也热了。这时进入车内，调大空调暖风挡位，设置成前挡出风模式，开启后挡玻璃加热，几分钟之后冰雪就会融化。

如果遇到车门被冻住了，甚至连驾驶室的门也打不开，这种情况的确很尴尬。这时只能用热水浇一下结冰处，但门打开后要立即将残水全部擦干，否则门缝会结上更厚的冰。

12 月 15 日	------------ 天 文 时 刻 ------------			
	天亮	06 时 59 分	天黑	17 时 21 分
	日出	07 时 29 分	日没	16 时 51 分

今日历史气候值		
日平均气温	−1.4℃	
日平均最高气温	3.2℃	
日平均最低气温	−5.4℃	
日极端最高气温	12.6℃	（1998 年）
日极端最低气温	−12.3℃	（1974 年）
日最大降水量	12.8 毫米	（1977 年）
日最大风速	12.0 米 / 秒	（1973 年）

【灾害与防御】

道路结冰预警信号

如果地面温度低于 0℃，道路上会出现积雪或结冰现象，严重时可形成"地穿甲"。当出现道路结冰时，由于车轮与路面摩擦作用大大减弱，车辆容易打滑，刹不住车，从而造成交通事故。行人容易滑倒，造成摔伤。

道路结冰预警信号分三级，分别以黄色、橙色、红色表示。

道路结冰黄色预警信号划分标准：当路表温度低于 0℃，出现雨雪，24 小时内可能出现道路结冰，对交通有影响。

道路结冰橙色预警信号划分标准：当路表温度低于 0℃，出现冻雨或雨雪，6 小时内可能出现道路结冰，对交通有较大影响。

道路结冰红色预警信号划分标准：当路表温度低于 0℃，出现冻雨或雨雪，2 小时内可能出现道路结冰，对交通有很大影响。

12 月 16 日	――――――― 天 文 时 刻 ―――――――			
	天亮	06 时 59 分	天黑	17 时 22 分
	日出	07 时 29 分	日没	16 时 51 分

今日历史气候值		
日平均气温	−1.1℃	
日平均最高气温	3.5℃	
日平均最低气温	−5.3℃	
日极端最高气温	12.1℃	（1998 年）
日极端最低气温	−11.2℃	（1994 年）
日最大降水量	1.3 毫米	（1984 年）
日最大风速	11.4 米 / 秒	（2006 年）

【灾害与防御】

道路结冰防御指南

驾驶人员必须采取防滑措施，安装轮胎防滑链或给轮胎适当放气，慢速行驶，不超车、加速、急转弯或紧急制动，停车时多用换挡，少制动，防止侧滑。

行人外出尽量乘坐公共交通工具，少骑自行车或电动车，注意远离、避让车辆；老、弱、病、幼人员尽量减少外出。

机场、高速公路可能会停航或封闭，出行前应注意查询路况与航班信息。

12月17日	────────── 天 文 时 刻 ──────────			
	天亮	07时00分	天黑	17时22分
	日出	07时30分	日没	16时51分

今日历史气候值		
日平均气温	−1.8℃	
日平均最高气温	2.7℃	
日平均最低气温	−5.4℃	
日极端最高气温	9.6℃	（1971年）
日极端最低气温	−10.8℃	（2006年）
日最大降水量	1.2毫米	（1986年）
日最大风速	16.7米/秒	（1971年）

【气象与健康】

人有多大的耐寒力

人有很强的耐寒力。据报道，国外有个叫福里索辛的青年人，因一次海难在冰水中漂流了5个小时，居然安然无恙。研究表明，人在突然遇到寒冷后，不会很快危及生命，随着体温的降低，仍能维持生命活动。当体温在28℃以上时，仍能说话走路，体温到26℃还有知觉，直到24℃时也有意识，体温继续降低，才可能死亡。在世界最寒冷的城市——西伯利亚的奥米亚康，冬季里人们呵出的气会立刻冻成沙沙作响的冰晶，一不小心就会不知不觉冻掉耳朵和鼻子，就在这样严寒的条件下，当地人仍然生活得自在自如。比奥米亚康更北的地方，是爱斯基摩人的居住地，他们住在冰块砌成的房子里，晚上则睡在只铺了柳条垫子的冰床上。

科学家认为，随着科学技术的进步，人的耐寒能力是逐步提高的。

12 月 18 日	---------------- 天 文 时 刻 ----------------			
	天亮	07 时 01 分	天黑	17 时 22 分
	日出	07 时 31 分	日没	16 时 51 分

今日历史气候值		
日平均气温	−2.0 ℃	
日平均最高气温	3.0 ℃	
日平均最低气温	−5.9 ℃	
日极端最高气温	12.0 ℃	（1998 年）
日极端最低气温	−11.5 ℃	（1972 年）
日最大降水量	3.2 毫米	（1979 年）
日最大风速	18.0 米 / 秒	（1971 年）

【气象知识】

冻　土

冻土是指土壤温度低于 0 ℃，其内部水分已冻结的土层。冻土可分为：暂时冻土；季节冻土；多年冻土或永久冻土。中国多年冻土分布在青藏高原、帕米尔高原以及祁连山、天山等山区。东北 47°N 以北地区分布着平原永久冻土，在昆仑山垭口附近可深达 140 ～ 175 米，每年 5 月上旬开始至 8 月底或 9 月初融化表层冻土，融化深度 1 ～ 4 米，东北的多年冻土厚度达 50 ～ 100 米，夏季融化深度为 0.5 ～ 3.5 米。多年冻土约占全国面积的 21.5%，约占世界冻土面积的 1%。季节冻土分布在多年冻土的外围地区，其南界在中国东部大致沿 30°N，然后由四川盆地的北部和西部边缘折向云贵高原北部，约占全国面积的 53.5%。暂时冻土界线大致与 22°N 相当，约占全国面积的 23.9%。

12 月 19 日	———————— 天 文 时 刻 ————————			
	天亮	07 时 02 分	天黑	17 时 23 分
	日出	07 时 32 分	日没	16 时 52 分

今日历史气候值		
日平均气温	−1.5℃	
日平均最高气温	3.5℃	
日平均最低气温	−5.7℃	
日极端最高气温	11.8℃	（2010 年）
日极端最低气温	−13.3℃	（1971 年）
日最大降水量	3.7 毫米	（1994 年）
日最大风速	11.7 米 / 秒	（1971 年）

【气象知识】

北京的结冰与冻土

北京市一般在 10 月 23 日前后出现薄冰，尔后水面逐渐封冻，第二年 2 月份气温开始回升，2 月 26 日前后水面开始日消夜冻，3 月 12 日前后北海冰融。

0 厘米平均冻结日期为 12 月 9 日，平均解冻日期为 2 月 25 日；10 厘米平均冻结日期为 12 月 14 日，平均解冻日期为 2 月 28 日；30 厘米平均冻结日期为 12 月 31 日，平均解冻日期为 3 月 7 日。而山区冻结（解冻）日期要提前（推迟）10 ～ 15 天。观象台最大冻土深度为 85 厘米，出现在 1957 年 2 月 22 日和 23 日。1977 年 2 月至 3 月，位于山区的马道梁有 9 天冻土厚达 135 厘米，为北京最大值。

12 月 20 日	——————— 天 文 时 刻 ———————			
	天亮	07 时 02 分	天黑	17 时 23 分
	日出	07 时 32 分	日没	16 时 52 分

今日历史气候值		
日平均气温	−1.4℃	
日平均最高气温	4.0℃	
日平均最低气温	−5.6℃	
日极端最高气温	12.0℃	（2010 年）
日极端最低气温	−14.8℃	（1971 年）
日最大降水量	0.5 毫米	（2002 年）
日最大风速	14.0 米 / 秒	（1973 年）

【气象与农事】

气象与农事（12 月）

本月苹果与葡萄都处于休眠期，应进行刮皮治虫作业，主要的农业气象灾害是低温冻害（日最低气温持续 3 天在 −20℃以下），针对冻害，苹果应选择抗寒品种。生长后期，多施磷钾肥，少施或不施氮肥，控制浇水，控制秋后树体旺长，及时秋剪，疏除徒长枝、密挤枝、细弱枝，改善光照条件，促进光合作用，促使枝条充实。及早采取涂白、培土措施。发生冻害后，不要进行冬季修剪，第二年春天发芽后，根据受冻情况修剪。早春及时喷石硫合剂，消灭病菌，防止腐烂病等病害的发生，提早追肥，促使树体尽早恢复树势。葡萄应合理修剪，结果母枝剪留长度根据品种特性而定，加强田间管理，清理果园，减少越冬病虫基数，浇封冻水，及时埋土防寒，防止冬季冻害。

12月21日	————————— 天 文 时 刻 —————————			
	天亮	07 时 03 分	天黑	17 时 23 分
	日出	07 时 33 分	日没	16 时 52 分

今日历史气候值		
日平均气温	−1.8℃	
日平均最高气温	3.3℃	
日平均最低气温	−5.9℃	
日极端最高气温	11.3℃	（1998 年）
日极端最低气温	−15.6℃	（1971 年）
日最大降水量	1.4 毫米	（2002 年）
日最大风速	14.7 米 / 秒	（1973 年）

【气候】

冬　至

　　每年 12 月 22 日前后太阳到达黄经 270° 时，为冬至节气。此时阳光几乎直射南回归线，北半球白昼最短；其后阳光直射位置向北移动，白昼渐长。由于太阳辐射到地面的热量，仍比地面向空中发散的少，故在短时期内气温继续降低。天文学上规定冬至为北半球冬季开始。

　　以冬至天气看后期冷暖的谚语有："冬至出日头，正月冷死牛""冬至有雨明春暖"等。以冬至风向预测后期天气的谚语有"冬至南风百日阴""冬至一场风，夏至一场暴"。以冬至冷暖预测后期天气的谚语有："冬至冷，春节暖""冬至冷，明年暖得早"。

12月22日	------------ 天 文 时 刻 ------------			
	天亮	07时03分	天黑	17时24分
	日出	07时33分	日没	16时53分

今日历史气候值		
日平均气温	-1.4℃	
日平均最高气温	3.0℃	
日平均最低气温	-5.0℃	
日极端最高气温	10.7℃	（2003年）
日极端最低气温	-13.5℃	（2008年）
日最大降水量	2.4毫米	（2004年）
日最大风速	14.3米/秒	（1982年）

【气候】

北京"数九"气候特点

"数九"是从冬至那一天开始计算，大概在阳历12月22日到来年3月12日前后这段时间。这个时期我国除华南等局部地区外，基本上多受冷高压控制，随着北方寒潮天气一次次爆发南下，风雪伴随而来，气温骤降，天寒地冻，即所谓的"数九寒天"了，由于我国地域辽阔，各地民间流传的描述各"九"物候现象的"九九歌"内容不尽相同。

北京自古有"冷在三九，热在三伏"的说法，从北京观象台1971年到2007年共37年数九时节气候统计资料分析看，北京的寒冷阶段主要在"三九"到"五九"，这期间"三九"末到"四九"初日平均气温连续四天维持在最低值-3.8℃；各"九"平均气温的最低值是-3.5℃，出现在"三九"。这样看来，北京最冷的时段确实多在"三九"。

12 月 23 日	天 文 时 刻			
	天亮	07 时 04 分	天黑	17 时 24 分
	日出	07 时 34 分	日没	16 时 53 分

今日历史气候值		
日平均气温	−1.8℃	
日平均最高气温	3.0℃	
日平均最低气温	−6.0℃	
日极端最高气温	13.9℃	（1962 年）
日极端最低气温	−12.4℃	（1971 年）
日最大降水量	3.4 毫米	（2002 年）
日最大风速	16.0 米 / 秒	（1973 年）

【气象知识】

漫话彩色的雪

在日常用语里，常把雪和白色联系在一起。然而，在大千世界里，除了人们常见的白雪外，还有五颜六色的彩雪。

1959 年的一天，南极上空，突然彤云密布，飘了一天鲜红的大雪；1881 年，在格陵兰也下了一场红雪。100 多年前，有两位学者在北冰洋一座小岛上曾见到一场绿雪。

彩色雪在中国也时有所闻。据史书上说，公元 1371 年 10 月，湖北的黄冈、麻城一带曾下过黑雪；1668 年 3 月 12 日，湖北的沔阳县下了一场"色如硫黄大如豆"的雪。

彩雪的成因，一是由于有颜色的低级植物藻类在雪地中繁殖，大风把这些藻类从地面卷扬到空中和雪花相遇，粘在一起，从而形成彩雪，藻类有各种不同的色彩，因而彩雪会出现各种颜色。二是由于大气污染的影响，1980 年 5 月 2 日晚，在蒙古下了一场红雪，据化验，每升雪水中含有矿物质 148 毫克。

12 月 24 日	天 文 时 刻			
	天亮	07 时 04 分	天黑	17 时 25 分
	日出	07 时 34 分	日没	16 时 53 分

今日历史气候值		
日平均气温	−1.9 ℃	
日平均最高气温	2.5 ℃	
日平均最低气温	−6.1 ℃	
日极端最高气温	15.6 ℃	（1996 年）
日极端最低气温	−13.7 ℃	（2012 年）
日最大降水量	0.1 毫米	（2002 年）
日最大风速	11.0 米 / 秒	（1979 年）

【气象与健康】

寒冷与老年人

冠心病是老年人中的常见病，严重地威胁着人的健康与长寿。据研究，温度、气压、湿度、风等气象要素发生剧烈变化，往往是冠心病发病的诱因。北京心肌梗死发病有两个高峰期，一是 11 月至次年 1 月；另一个是 3 月至 4 月。这两个高峰期正是天气冷暖无常的季节转换时期。此外，过热的天气也能刺激冠状动脉产生痉挛，使冠心病人发病。

老年人意外性低温是与气象关系密切的老年病，肛门温度在 32～35 ℃之间为轻度低温，低于 32 ℃为严重低温。发生低温时，老年人皮肤蜡白或呈现蓝色及白色斑纹，肢体一侧震颤，心律失常，语言不清，呼吸微弱，血压下降，如不及时救治，受寒过久可造成死亡。寒冷是诱发老年人意外性低温的主要原因。在寒冷环境中，由于老年人体温调节功能障碍，使身体散热过多并得不到热量补充而导致发病。因此，老年人在冬天一定要注意保暖。

12月25日	─────── 天文时刻 ───────			
	天亮	07时04分	天黑	17时25分
	日出	07时34分	日没	16时54分

今日历史气候值		
日平均气温	−2.3℃	
日平均最高气温	2.5℃	
日平均最低气温	−6.1℃	
日极端最高气温	9.9℃	（1987年）
日极端最低气温	−19.6℃	（1916年）
日最大降水量	0.1毫米	（1992年）
日最大风速	14.0米/秒	（1976年）

【气象与健康】

冬季老年人的疾病预防

秋尽冬至，北风呼啸，恶劣的自然气候给老年人的心理、生理等各方面带米不良影响。

由于老年人代谢功能低下，皮脂腺的萎缩，皮脂分泌减少，皮肤干燥以及末梢血液循环较差，受寒冷刺激后容易发生冻伤、皲裂和冬季皮肤瘙痒，关节受凉后往往出现酸痛现象。冬季寒潮袭击，天气骤变，高血压病人中风的发生率较高。心血管病人在冬天也容易发生顽固性心绞痛、急性心肌梗死以及充血性心力衰竭。严寒还是伤风感冒、支气管炎等疾病的诱发因素，尤其是高龄老人的感冒，不可以掉以轻心。

冬季养生要加强防寒保暖措施，备足寒衣，谨防受凉，从预防感冒、咳嗽入手，来防止呼吸道疾病的发生和高血压、冠心病的恶化。

12 月 26 日	------------ 天 文 时 刻 ------------			
	天亮	07 时 05 分	天黑	17 时 26 分
	日出	07 时 35 分	日没	16 时 54 分

今日历史气候值		
日平均气温	−2.7℃	
日平均最高气温	2.1℃	
日平均最低气温	−6.9℃	
日极端最高气温	9.5℃	（1987 年）
日极端最低气温	−13.0℃	（1980 年）
日最大降水量	0.8 毫米	（1978 年）
日最大风速	10.3 米 / 秒	（1979 年）

【气象知识】

"白霜"与"黑霜"

由于近地面产生霜冻时空气湿度有差异，若湿度大，在降温中近地面水汽达到饱和，就会在地面凝结成冰晶，就是通常所说的"白霜"；当温度降到 0℃以下时，若湿度很小，地面水汽达不到饱和，不出现冰晶，被称为"黑霜"。

从表面上看似乎白霜更厉害，其实水汽在形成冰晶时，需要释放出潜热，加之其冰晶层有隔热的作用，使降温不那么剧烈，这样冻害反而减轻。而黑霜不然，由于无水汽凝结，当然就无潜热提供，加之它不易被观察到，往往更容易导致严重危害。

霜和霜冻虽形影相连，但危害庄稼的主要是"冻"不是"霜"。霜不但危害不了庄稼，相反，水汽凝华时，还可放出大量潜热来，会使重霜变轻霜、轻霜变露水，免除冻害。

因此，与其说"霜降杀百草"，不如说"霜冻杀百草"。

12 月 27 日	———————— 天 文 时 刻 ————————			
	天亮	07 时 05 分	天黑	17 时 26 分
	日出	07 时 35 分	日没	16 时 55 分

今日历史气候值		
日平均气温	−2.1℃	
日平均最高气温	2.9℃	
日平均最低气温	−6.6℃	
日极端最高气温	13.3℃	（1987 年）
日极端最低气温	−13.1℃	（1976 年）
日最大降水量	2.2 毫米	（1986 年）
日最大风速	14.3 米 / 秒	（1973 年）

【气象与健康】

冷空气与呼吸系统疾病

寒冷是造成慢性气管炎复发和加重的主要诱因之一。对全国 20 多个地区调查表明，年平均气温低的地区慢性气管炎发病率高，年平均气温高的地区发病率低。慢性支气管炎具有明显的季节性，多在冬季气温变化剧烈时发病。

支气管哮喘是发作性的肺部过敏性疾病。病人对温度变化很敏感。国内研究发现，空气愈干燥，一日内冷暖变化愈剧烈，病情愈容易加重。

感冒是病毒或病菌在上呼吸道感染引起的。目前发现引起感冒的病毒有 100 多种。感冒虽然一般愈后较好，但发病率高，流行广，对生产影响较大。这种病最容易在受凉后诱发，强冷空气过境时发病率特别高。就全年来看，感冒发病高峰期出现在秋末冬初，隆冬季节天气稳定，发病率降低，到 3 月份发病率又趋增加。

12 月 28 日	——————— 天 文 时 刻 ———————			
	天亮	07 时 05 分	天黑	17 时 27 分
	日出	07 时 35 分	日没	16 时 56 分

今日历史气候值		
日平均气温	−2.4℃	
日平均最高气温	1.8℃	
日平均最低气温	−6.3℃	
日极端最高气温	13.6℃	（1987 年）
日极端最低气温	−13.7℃	（1971 年）
日最大降水量	1.1 毫米	（2012 年）
日最大风速	12.7 米 / 秒	（1972 年）

【灾害与防御】

暴雪预警信号

暴雪指在 24 小时内降雪量超过 10 毫米以上的雪。

暴雪预警信号分为四种：蓝色、黄色、橙色和红色。

暴雪蓝色预警信号划分标准：12 小时降雪量将达 4 毫米，或者已达 4 毫米且降雪可能持续，对交通及农业可能有影响。

暴雪黄色预警信号划分标准：12 小时降雪量将达 6 毫米以上，或者已达 6 毫米且降雪可能持续。

暴雪橙色预警信号划分标准：6 小时降雪量将达 10 毫米以上，或者已达 10 毫米且降雪可能持续。

暴雪红色预警信号划分标准：6 小时降雪量将达 15 毫米以上，或者已达 15 毫米且降雪可能持续。

12 月 29 日	天 文 时 刻			
	天亮	07 时 06 分	天黑	17 时 28 分
	日出	07 时 36 分	日没	16 时 57 分

今日历史气候值		
日平均气温	−2.9℃	
日平均最高气温	1.5℃	
日平均最低气温	−6.5℃	
日极端最高气温	7.6℃	（1987 年）
日极端最低气温	−14.9℃	（1976 年）
日最大降水量	3.5 毫米	（1987 年）
日最大风速	11.0 米／秒	（2010 年）

【灾害与防御】

暴雪防御指南

农、林、种养殖业应做好作物、树木防冻害与牲畜防寒、防雪灾工作；对危房、大棚和临时搭建物及大树、古树采取加固措施，及时清除棚顶及树上积雪。

有关部门视情况调节居民供暖，燃煤取暖用户注意防范一氧化碳中毒。

人员外出应少骑或不骑自行车，出行不穿硬底、光滑底的鞋；采取保暖防滑措施；老、弱、病、幼尽量减少出行，外出应有人陪护。野外出行应带防护眼镜；被风雪围困应及时拨打求救电话。

必要时停课、停业（除特殊行业外）、停止集会，飞机暂停起降，火车暂停营运，高速公路暂时封闭。

不建议驾车出行，必须外出时可给轮胎适当放气，注意防滑，遇坡道或转弯时提前减速，缓慢通过，慎用刹车装置，或安装防滑链。

尽量不要待在危房或结构不安全的房子中，避免屋塌伤人。雪后化冻时，房檐如果结有长而大的冰凌应及早打掉，以免坠落伤人。路过桥下、屋檐等处时要小心观察或绕道通过，以免因冰凌融化脱落伤人。

12 月 30 日	------------ 天 文 时 刻 ------------			
	天亮	07 时 06 分	·天黑	17 时 29 分
	日出	07 时 36 分	日没	16 时 58 分

今日历史气候值		
日平均气温	−2.7℃	
日平均最高气温	1.8℃	
日平均最低气温	−6.9℃	
日极端最高气温	9.4℃	（1975 年）
日极端最低气温	−14.2℃	（1980 年）
日最大降水量	2.7 毫米	（2006 年）
日最大风速	10.7 米 / 秒	（1993 年）

【气象与健康】

冻 伤

局部冻伤分成三度：受伤部位皮肤潮红，知觉丧失为一度冻伤；冻伤部位出现水疱时为二度冻伤；当发生组织坏死、坏痛时为三度冻伤。

局部冻伤的治疗采用快速复温的方法，通常用 40 ~ 42℃温水浴。冻疮也是局部冻伤的一种常见症状，但冻疮为非冻结性冻伤，通常是在冰点以上的低温和潮湿条件下发生。冻疮一般发生在耳、鼻、手、脚、小腿等处，常表现为瘀血、出水疱或组织坏死。患处感觉麻木，冷时有烧灼感，暖时有痒感，破后感到疼痛。

防治冻疮主要措施是平时加强耐寒锻炼，提高机体对寒冷的适应能力。此外，在寒冷时应注意保持易生冻疮部位的温暖与干燥。

12 月 31 日	─────────── 天 文 时 刻 ───────────			
	天亮	07 时 06 分	天黑	17 时 29 分
	日出	07 时 36 分	日没	16 时 59 分

今日历史气候值		
日平均气温	−2.8 ℃	
日平均最高气温	1.9 ℃	
日平均最低气温	−7.0 ℃	
日极端最高气温	10.3 ℃	（1973 年）
日极端最低气温	−13.8 ℃	（1976 年）
日最大降水量	2.9 毫米	（1996 年）
日最大风速	10.7 米 / 秒	（1985 年）

【气候】

关于气候变化的最新数字

130 千米

法国学者利用 16 年卫星跟踪资料研究南极帝企鹅数量改变时发现，气候异常使海水每升高 1 ℃，会让南极辐合带向南偏移 130 千米，从而影响帝企鹅的数量。

13 ℃

斯坦福大学学者领衔的一项利用 166 个国家和 1960—2010 年间的数据开展的研究表明，全球经济生产力会随着年平均温度的升高而提高，并在 13 ℃时达到顶峰，温度继续升高时，经济生产力就会下降。

1 ℃

世界气象组织最近发表的 2015 年全球气候状况临时声明指出，2015 年 1—8 月，全球地表平均温度比 1880—1899 年工业革命时期大约高 1 ℃，2015 年可能是有记录以来的最暖年份。

科普条目索引

本索引是全书科普小文章条目索引。索引按照气候、气象知识、气象与生活、气象与健康、气象与环境、气象与农事、灾害与防御、行业气象、历史个例、其他共 10 个类别排序，各类别中条目按照汉语拼音字母的顺序排列。条目名中含标点符号的，按符号后的第一个汉字排序；含数字（包括汉字数字和阿拉伯数字）和英文的依次排在汉字之后，且数字由小到大排序、英文按首字母顺序排序。

气候

气象知识

气象与生活

气象与健康

气象与环境

气象与农事

灾害与防御

行业气象

历史个例

其他